职业技能提高实战演练丛书

HUAZHONG XITONG SHUKONG JICHUANG ZHUANGTIAO YU WEIXIU

华中系统数控机床装调与维修

主　　编　　袁宗杰

副主编　　张晓波　　丁林曜

编　　者　　王继梅　　赵玉信　　魏彦波

　　　　　　江翠翠　　杜秀芳

主　　审　　岳明君

 中国劳动社会保障出版社

图书在版编目(CIP)数据

华中系统数控机床装调与维修/人力资源和社会保障部教材办公室组织编写. —北京:
中国劳动社会保障出版社,2017

(职业技能提高实战演练丛书)

ISBN 978 - 7 - 5167 - 2866 - 6

Ⅰ. ①华… Ⅱ. ①人… Ⅲ. ①数控机床-调试方法②数控机床-维修 Ⅳ. ①TG659

中国版本图书馆 CIP 数据核字(2017)第 069213 号

中国劳动社会保障出版社出版发行

(北京市惠新东街 1 号 邮政编码:100029)

*

北京北苑印刷有限责任公司印刷装订 新华书店经销

787 毫米×1092 毫米 16 开本 13.25 印张 300 千字
2017 年 4 月第 1 版 2017 年 4 月第 1 次印刷

定价:**30.00** 元

读者服务部电话:(010) 64929211/64921644/84626437
营销部电话:(010) 64961894
出版社网址:http://www.class.com.cn

内 容 简 介

　　本书根据职业院校教学计划和教学大纲，由从事多年数控理论及实训教学的资深教师编写，集理论知识和操作技能于一体，针对性、实用性较强，并加入了大量的维修实例，通过数控机床机械部件的装配与调试、数控机床电气系统的连接与调试、数控机床整体调试技术、主轴伺服系统的故障诊断与维修、进给系统的故障诊断与维修、机械结构的故障诊断与维修、机床电气和 PLC 控制的故障诊断与维修等模块的学习，使学生在每一个模块完成过程中学习相关知识与技能，掌握华中系统数控机床装调与维修相关知识与技能。

　　本书适用于职业院校华中系统装调与维修实训教学。本书采用模块式结构，突破了传统教材在内容上的局限性，突出了系统性、实践性和综合型等特点。

　　由于时间仓促，加上编者水平有限，书中可能有不妥之处，望读者批评指正。

前　　言

　　为了切实解决目前中等职业院校中机械设计制造类专业（含数控类专业）教材不能满足院校教学改革和培养技术应用型人才需要的问题，人力资源和社会保障部教材办公室组织一批学术水平高、教学经验丰富、实践能力强的老师与行业、企业一线专家，在充分调研的基础上，共同研究、编写了机械设计制造类专业（含数控类专业）相关课程的教材，共16 种。

　　在教材的编写过程中，我们贯彻了以下编写原则：

　　一是充分汲取中等职业院校在探索培养技术应用型人才方面取得的成功经验和教学成果，从职业（岗位）分析入手，构建培养计划，确定相关课程的教学目标。

　　二是以国家职业技能标准为依据，使内容分别涵盖数控车工、数控铣工、加工中心操作工、车工、工具钳工、制图员等国家职业技能标准的相关要求。

　　三是贯彻先进的教学理念，以技能训练为主线、相关知识为支承，较好地处理了理论教学与技能训练的关系，切实落实"管用、够用、适用"的教学指导思想。

　　四是突出教材的先进性，较多地编入新技术、新设备、新材料、新工艺的内容，以期缩短学校教育与企业需要的距离，更好地满足企业用人的需要。

　　五是以实际案例为切入点，并尽量采用以图代文的编写形式，降低学习难度，提高学生的学习兴趣。

　　本书由山东劳动职业技术学院袁宗杰任主编，张晓波、丁林曜任副主编。山东劳动职业技术学院袁宗杰编写了模块一任务一；山东商业职业技术学院王继梅编写了模块一任务二和任务三；山东劳动职业技术学院张晓波编写了模块二和模块三，丁林曜编写了模块四，赵玉信编写了模块五；山东商务职业学院魏彦波编写了模块六；山东劳动职业技术学院江翠翠编写了模块七任务一和任务二，杜秀芳编写了模块七任务三。山东大学岳明君任主审。

　　在上述教材的编写过程中，得到山东省人力资源和社会保障厅职业技能鉴定中心张金刚的大力支持和帮助，在此我们表示衷心的感谢！同时，恳切希望广大读者对教材提出宝贵的意见和建议，以便修订时加以完善。

人力资源和社会保障部教材办公室

目　录

上 篇
数控机床的装配与调试

模块一

数控机床机械部件的装配与调试

【知识点】

1. 掌握进给传动机构的装配与调试方法。
2. 掌握自动换刀装置的装配与调试方法。
3. 掌握主轴传动系统的装配与调试方法。

【技能点】

1. 能够看懂数控机床机械装配图样。
2. 熟悉数控机床主要部件的装配工艺及调整方法。

任务一　进给传动机构的装配与调试

【任务导入】

1. 能按图样要求正确装配 X 进给轴。
2. 能正确使用工具、量具检测 X 轴传动装置的相关精度。
3. 能正确调整 X 向导轨间隙和滚珠丝杠轴向间隙。

【任务描述】

因为常见的车削类机床、铣削类机床的 X 向进给运动装置结构相似，所以本任务选取北京机电院股份公司所生产的 BV75 型铣床为对象，配有华中 8 型数控系统，完成 X 轴的装配、调试与检验。本例中，电动机与丝杠采用联轴器直联方式，如图 1—1—1 所示。

1. 辅助准备

（1）直线滚动导轨副一套。

（2）滚珠丝杠螺母副一套。

（3）安装基座一台。

（4）专用拆卸工具一套。

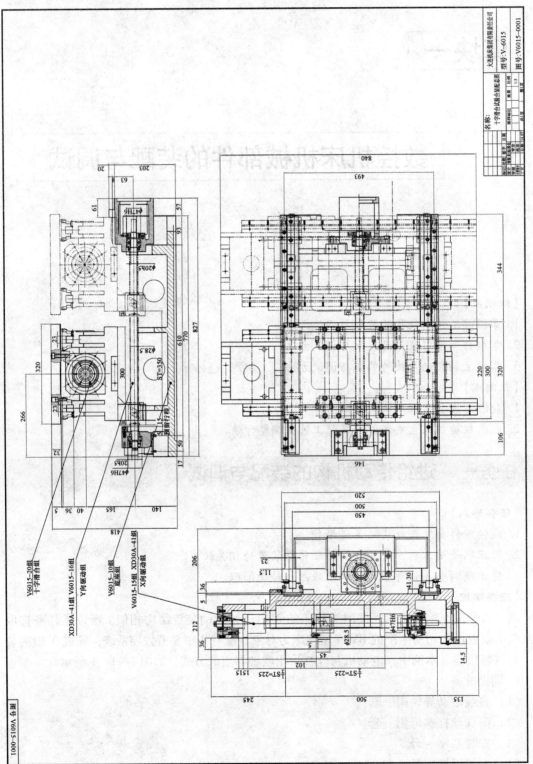

V6015-20组
十字滑台组

XD30A-41组 V6015-16组
Y向驱动组

V6015-10组
底座组

V6015-15组 XD30A-41组
X向驱动组

图 1—1—1 数控机床十字滑台部件装配图

（5）检测用量具一套。

2．工艺准备

（1）滚动导轨的装调。

（2）滚珠丝杠的装调。

（3）电动机与丝杠的连接。

（4）几何精度（直线度、平行度、间隙）检测。

【任务实施】

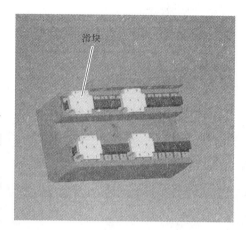

图1—1—2　直线滚动导轨安装示意图

一、直线滚动导轨的安装与调整

本任务所用的直线滚动导轨采用平行安装方式，如图1—1—2所示。滚动导轨副的安装步骤见表1—1—1。

安装时注意事项包括：装配同一组位置的螺栓，应保证长短一致，松紧均匀；装配时需涂上机油；螺栓尾部不得露出沉孔外；备有防尘帽的最后要把防尘帽全部盖好，防止灰尘进入。

表1—1—1　　　　　　　　　　直线滚动导轨副安装步骤

安装步骤	简图
检查装配面	
设置导轨的基准侧面与安装台阶的基准侧面相对	
检查螺栓的位置，确认螺栓孔位置正确	

续表

安装步骤	简图
拧紧固定螺钉，使导轨基准侧面与安装台阶的基准侧面相接	
拧紧安装螺钉	
依数字顺序拧紧滑块的紧固螺钉	

二、滚珠丝杠螺母副的安装与调整

如图 1—1—3 所示，两端轴承座是活动的两个零件，运动部件上设计有与丝杠连接的螺母座。丝杠两端有轴承支承，用锁紧圆螺母和压盖对丝杠施加预紧力。丝杠的一侧轴端通过联轴器与伺服电动机相连接。

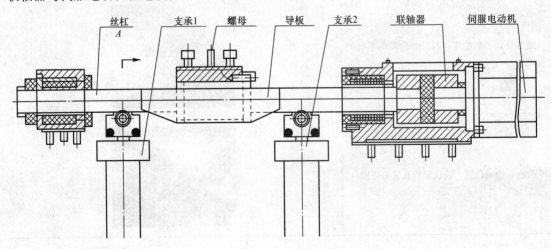

图 1—1—3 滚珠丝杠螺母副装配简图

由图 1—1—3 可知，滚珠丝杠螺母副由丝杠和螺母组成，丝杠的两端通过轴承座固定在底座上，螺母通过螺母座固定在运动部件上。滚珠丝杠螺母副仅用于承受轴向载荷。径向力、弯矩会使滚珠丝杠螺母副产生附加表面接触应力等负荷，从而可能造成丝杠永久性的损坏。滚珠丝杠螺母副的安装步骤见表 1—1—2。

表 1—1—2　　　　　　　　　　　滚珠丝杠螺母副的安装步骤

步骤	图示	说明
1		把丝杠的两端底座预紧
2	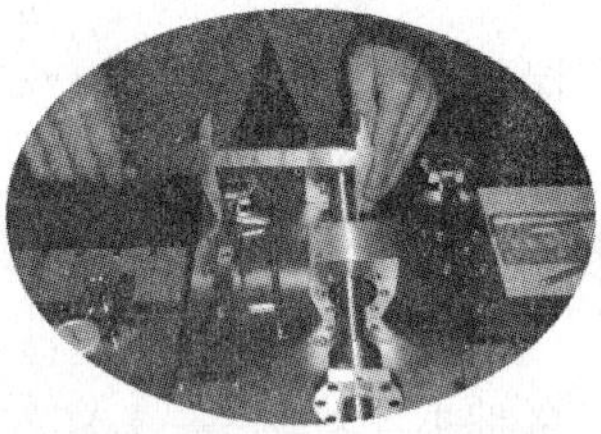	用游标卡尺分别测量丝杠两端与导轨之间的距离，使之相等，以保持丝杠的同轴度
3	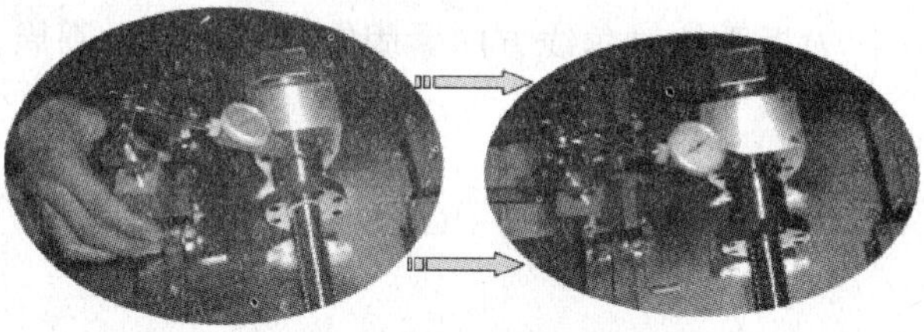	丝杠的同轴度测量完毕后，把杠杆百分表放在导轨的滑块上，分别测量电动机支承座、丝杠支承座两端的高度，低的一端底座下边垫上铜片，以保证导轨两端在同一高度上
4	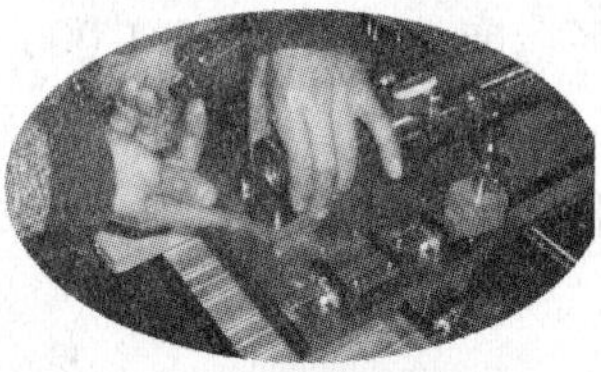	若底座下面垫了铜片，底座位置变了，丝杠与导轨之间的距离会变，则进行下一步。若底座未垫铜片，丝杠正好在同一高度，因而底座位置没动，就不用进行下一步了
5	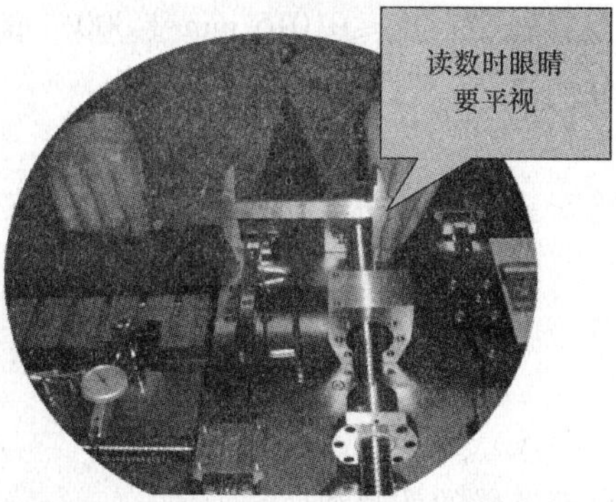 读数时眼睛要平视	用游标卡尺分别测量丝杠两端与导轨之间的距离，使之相等，以保持丝杠的对称度 目的：丝杠在运动时，保证丝杠的同轴度、对称度，防止丝杠产生变形

续表

步骤	图示	说明
6		测量完毕后把各个螺栓拧紧

三、联轴器、电动机与丝杠的连接

电动机与丝杠的连接采用联轴器直联方式，具体步骤如下：

1. 安装电动机座。

2. 使用联轴器将电动机与丝杠连接，注意保证两者的安装精度。

（1）调整电动机和滚珠丝杠的位置，以保证电动机轴和丝杠在同一轴线上。

（2）清洗电动机轴和丝杠表面，并涂上润滑油或油脂，注意不能使用含有硅和钼成分的油，以避免减小摩擦力。

（3）将联轴器安装到电动机轴上，然后移至轴承座。

（4）将联轴器安装到丝杠上。

（5）用螺钉固定联轴器，并用扭力扳手按对角线方向紧固螺钉，最后沿圆周方向紧固螺钉。

四、几何精度（直线度、平行度、间隙）检测

1. 直线滚动导轨的精度检测

（1）对导轨安装基准面的要求。基准面水平校平，水平仪气泡不得超过半格。水平面内平行度≤0.04 mm/1 000 mm，侧基准面内平行度≤0.015 mm/1 000 mm。

（2）安装后运行平行度≤0.010 mm/1 000 mm。

（3）安装后普通导轨对基准导轨的运行平行度≤0.015～0.02 mm/1 000 mm。

2. 滚珠丝杠的精度检测

（1）基准面水平校平≤0.02 mm/1 000 mm。

（2）滚珠丝杠水平面和垂直面母线与导轨平行度≤0.015 mm/1 000 mm。

（3）滚珠丝杠螺母端跳动≤0.02 mm。

3. 联轴器、电动机的精度检测

采用千分表检查联轴器外直径，调整安装精度，使电动机轴处的精度在公差范围之内。

【任务链接】

一、传动齿轮副

1. 刚性调整法

刚性调整法是调整后齿侧间隙不能自动补偿的调整法。

2. 柔性调整法

柔性调整法是调整之后齿侧间隙仍可自动补偿的调整法。

二、滚珠丝杠螺母副

1. 滚珠丝杠螺母副的优点

（1）摩擦系数小，传动效率高。

（2）灵敏度高，传动平稳，不易产生爬行，运动精度和定位精度高。

（3）磨损小，使用寿命长，精度保持性好。

（4）可通过预紧和间隙消除措施提高轴间刚度和反向精度。

（5）运动具有可逆性。

2. 滚珠丝杠螺母副的结构

滚珠的循环方式有外循环和内循环两种。滚珠在返回过程中与丝杠脱离接触的为外循环，滚珠循环过程中与丝杠始终接触的为内循环。循环中的滚珠叫作工作滚珠，工作滚珠所走过的滚道叫作工作圈数。

3. 滚珠丝杠螺母副轴向间隙的调整

滚珠丝杠的传动间隙是轴向间隙，消除间隙的方法常采用双螺母结构，利用两个螺母的相对轴向位移来消除轴向间隙。

常用的双螺母丝杠消除间隙的方法有：

（1）垫片调隙式。

（2）螺母调隙式。

（3）齿差调隙式。

4. 滚珠丝杠的支承方式

（1）一端装推力轴承。

（2）一端装推力轴承，另一端装向心球轴承。

（3）两端装止推轴承。

（4）两端装止推轴承和向心球轴承。

5. 滚珠丝杠螺母副的精度

滚珠丝杠螺母副的精度标准分为四级：普通级 P、标准级 B、精密级 J 和超精密级 C。

任务二　主轴传动系统的装配与调试

【任务导入】

1. 能够按图样要求正确装配数控车床、数控铣床和加工中心主轴部件。

2. 能够正确使用工具、量具进行主轴精度调整。

3. 能够进行主轴传动系统的精度测试。

【任务描述】

数控机床的主轴驱动系统也就是主传动系统，它的性能直接决定了加工工件的表面质量。主轴传动系统结构复杂，机、电、气联动，故障率较高，它的可靠性将直接影响数控机床的安全和生产率。因此，在数控机床的安装调试中，主轴安装调试显得非常重要。

数控机床主轴驱动系统是数控机床的大功率执行机构，其功能是接收数控系统（CNC）的S码速度指令及M码辅助功能指令，驱动主轴进行切削加工。它包括主轴驱动装置、主轴电动机、主轴位置检测装置、传动机构及主轴。通常，主轴驱动被加工工件旋转的是车削加工，所对应的机床是车床类；主轴驱动切削刀具旋转的是铣削加工，所对应的机床是铣床类。

1. 辅助准备

（1）专用拆卸工具一套。

（2）检测用量具一套。

2. 工艺准备

（1）数控车床主轴部件的装配与调整。

（2）数控铣床主轴部件的装配与调整。

（3）加工中心主轴部件的装配与调整。

（4）数控机床主轴传动部分的精度检测。

【任务实施】

一、数控车床主轴部件的拆装与调整

CK7815 型数控车床主轴部件的结构如图 1—2—1 所示。

1. 主轴部件的拆卸

主轴部件维修时需要进行拆卸，拆卸前应做好场地清理、清洁工作和拆卸工具及资料的准备工作，然后进行拆卸操作，顺序如下：

（1）切断总电源及主轴脉冲发生器线路。总电源切断后，应拆下保险装置，防止他人误合闸而引起事故。

（2）切断液压卡盘油路，排放掉主轴部件及相关各部件的润滑油。油路切断后，应放尽管内余油，避免油溢出污染工作环境；管口应包扎，防止灰尘及杂物侵入。

（3）拆下液压卡盘及主轴后端液压缸等部件。

（4）拆下电动机传动带及主轴后端带轮和键。

（5）拆下主轴后端螺母 3。

（6）松开螺钉 5，拆下支架 6 上的螺钉，拆去主轴脉冲发生器。

（7）拆下同步带轮 1 和后端油封件。

（8）拆下主轴后支承处轴向定位盘螺钉。

（9）拆下主轴前支承套螺钉。

（10）拆下（向前端方向）主轴部件。

（11）拆下圆柱滚子轴承 15、轴向定位盘及油封。

（12）拆下螺母 7 和螺母 8。

（13）拆下螺母 10、螺母 11 以及前油封。

（14）拆下主轴 9 和前端盖 13。主轴拆下后要轻放，不得碰伤各部螺纹及圆柱表面。

（15）拆下角接触球轴承 12 和前支承套 14。

注：以上各部件、零件拆卸后，应进行清洗及防锈处理，并妥善存放保管。暂时性防锈

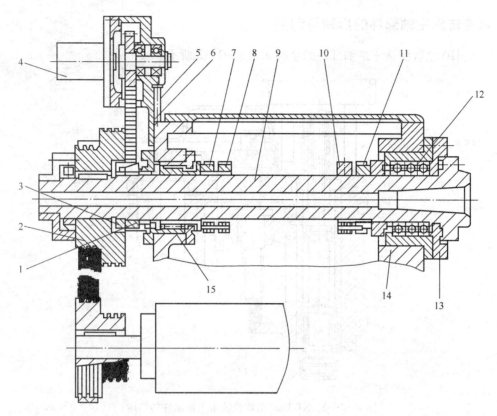

图1—2—1 CK7815型数控车床主轴部件的结构

1—同步带轮 2—带轮 3、7、8、10、11—螺母 4—主轴脉冲发生器 5—螺钉 6—支架
9—主轴 12—角接触球轴承 13—前端盖 14—前支承套 15—圆柱滚子轴承

包装：涂油，使用气相防锈材料、接触性防锈材料或可剥性塑料，进行真空封存、除氧干燥封存、充氮封存。

2. 主轴部件装配及调整

装配前，各零件、部件应严格清洗，需要预先涂油的部位应进行涂油。装配设备、装配工具以及装配方法，应根据装配要求及配合部位的性质选取。

不正确及不规范的装配过程将影响装配精度和装配质量，甚至损坏被装配件。

主轴部件装配及调整注意事项如下：

（1）对于前端三个角接触球轴承，应注意前面两个大口向外，朝向主轴前端，后一个大口向里。

（2）后端圆柱滚子轴承的径向间隙由螺母3和螺母7调整。

（3）为保证主轴脉冲发生器与主轴转动的同步精度，同步带的张紧力应合理。

（4）液压卡盘装配调整时，应充分清洗卡盘内锥面和主轴前端外短锥面，以保证卡盘与主轴短锥面的良好接触。

（5）安装液压卡盘驱动液压缸时，应调整好卡盘拉杆长度，保证驱动液压缸足够的、合理的夹紧行程储备量。

二、数控铣床主轴部件的拆卸与调整

NT－J320 型数控铣床主轴部件的结构如图 1—2—2 所示。

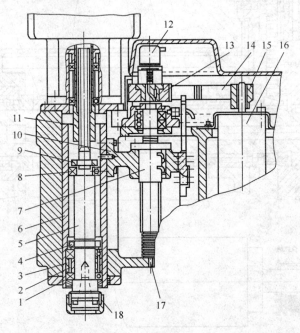

图 1—2—2 NT-J320 型数控铣床主轴部件的结构

1—角接触球轴承 2、3—轴承隔套 4、9—圆螺母 5—主轴 6—主轴套筒 7—丝杠
8—深沟球轴承 10—螺母支承 11—花键套 12—脉冲编码器 13、15—同步带轮
14—同步带 16—主轴电动机 17—丝杠螺母 18—快换夹头

1. 主轴部件的拆卸

（1）切断总电源及主轴脉冲编码器 12 以及主轴电动机等电器的线路。

（2）拆下主轴电动机法兰盘连接螺钉。

（3）拆下主轴电动机及花键套 11 等部件。

（4）拆下罩壳螺钉，卸掉上罩壳。

（5）拆下丝杠座螺钉。

（6）拆下螺母支承 10 与主轴套筒 6 的连接螺钉。

（7）向右移动丝杠螺母 17 和螺母支承 10 等部件，卸下同步带 14 和螺母支承 10 处与主轴套筒连接的定位销。

（8）卸下主轴部件。

（9）拆下主轴部件前端法兰和油封。

（10）拆下主轴套筒。

（11）拆下圆螺母 4 和 9。

（12）拆下前后轴承 1 和 8 以及轴承隔套 2 和 3。

（13）拆下快换夹头 18。

注意：以上各部件、零件拆卸后，应进行清洗及防锈处理，并妥善存放保管。

2. 主轴部件的装配及调整

（1）为保证主轴工作精度，调整时应注意调整好预紧螺母 4 的预紧量。

（2）前后轴承应保证有足够的润滑油。

（3）螺母支承 10 与主轴套筒的连接螺钉要充分旋紧。

（4）为保证脉冲编码器与主轴的同步精度，调整时同步带 14 应保证合理的张紧量。

注意：以上各部件、零件拆卸后，应进行清洗及防锈处理，并妥善存放保管。

三、加工中心主轴部件的拆卸与调整

THK6380 加工中心主轴部件的结构如图 1—2—3 所示。

1. 主轴部件的拆卸

（1）拆下主轴前端压盖螺钉，卸下压盖。

（2）拆下主轴后端防护罩壳。

（3）拆卸与主轴部件相连的油、气管路，排放尽余油；包扎好管口，以防止尘屑进入管内。

（4）拆下液压缸支架 19 上的螺钉，取出液压缸支架及隔圈，并包扎好管口。

（5）拆卸套筒 21 前，先测量好碟形弹簧 18 的安装高度，做好记录供装配时参考。

（6）拆下锁紧螺母和圆螺母 13，再拆下连接座 15 的螺钉 17，取出连接弹簧 16、连接座 15。在拆卸螺钉 17 前，测出连接弹簧 16 的压缩量或螺钉 17 头部端面到连接座 15 端面的距离，做好记录供装配时参考。

（7）抽出主轴上的轴向定位套。

（8）拆下主轴箱盖及凸轮 27 右边两圆螺母，做好凸轮 27 上 V 形槽与主轴在圆周上相对位置记号，拆下凸轮 27，取出平键。

（9）拆下前支承调整用圆螺母，同时做好凸轮 27 的相对安装位置记号。

（10）将主轴向左拉动移位，一边拉动主轴移位，一边用敲击方法拆卸凸轮 28、齿轮 12 及背对背安装的角接触球轴承。

（11）当齿轮 12 与其平键处于脱离状态后，取出平键；然后向右拆卸凸轮 28 组件，同时将主轴 11 及部分剩余零件向左从主轴箱抽出；然后将主轴 11 安放，待进一步拆卸；再从主轴箱体中取出凸轮 28 组件及齿轮 12。

（12）拆卸前支承组件。

（13）测出垫圈 22 右边锁紧圆螺母端面到拉杆 9 或拉套 10 右端面的安装距离，并做好记录供装配时参考。

（14）拆下定位小轴上的定位螺钉 5。

（15）拆下定位小轴 6。

（16）将主轴内刀具夹紧装置从主轴孔抽出。

（17）分解刀具自动夹紧装置。

（18）将分解出来的主轴 11、拉杆 9、拉套 10 等细长零件进行清洗，做好涂油保护后垂直挂放，以防止弯曲变形。

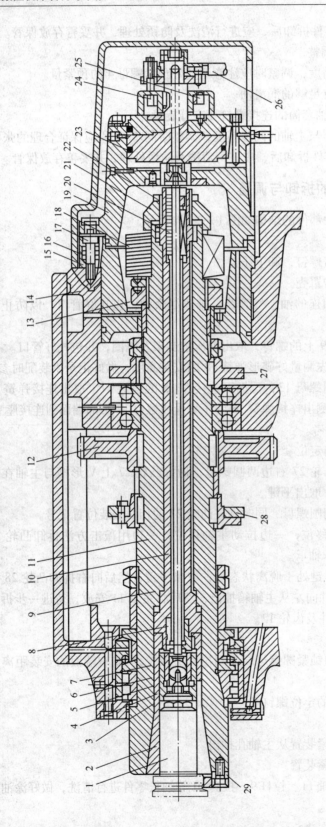

图 1—2—3 THK6380 加工中心主轴部件的结构

1—刀夹 2—弹簧夹头 3、21—套筒 4—钢球 5—定位螺钉 6—定位小轴 7—定位套筒 8—锁紧件 9—拉杆 10—拉杆 11—主轴 12—齿轮 13—圆螺母 14—主轴箱 15—连接箱 16—连接弹簧 17—螺钉 18—螺钉 19—碟形弹簧 20—碟形弹簧 22—垫圈 23—活塞 24、25—继电器 26—空气管接头 27、28—凸轮 29—定位块以上介绍的主轴部件拆卸顺序，并非唯一顺序，有些步骤是可以变换或同时进行的，操作时应根据具体情况安排拆卸顺序。

2. 主轴部件的装配及调整

（1）主轴前端轴承安装方向和预紧量调整。

（2）凸轮 28 的相对安装位置。

（3）凸轮 27 上 V 形槽与主轴在圆周上的相对位置。

（4）连接弹簧 16 的压缩量。

（5）碟形弹簧的安装高度。

（6）主轴重要表面的防护。

（7）夹紧行程储备量的调整。

四、数控机床主轴传动系统的功能测试

1. 转速、功率测试

主轴具有一定的转速和足够的转速范围、转速级数，能够实现运动的启停、变速、换向和制动，以满足机床的运动要求。主电动机具有足够的功率，全部机构和元件具有足够的强度和刚度，以满足机床的动力要求。

2. 变速范围测试

数控车床的主传动系统有较宽的调速范围，一般 1:100，以保证加工时能选用合理的切削用量，从而获得最佳的生产率、加工精度和表面质量。

3. 主轴变速测试

数控车床的变速是按照控制指令自动进行的，因此变速机构必须适应自动操作的要求。由于直流和交流主轴电动机的调速系统日趋完善，所以能够方便地实现宽范围无级变速，减少了中间传递环节，提高了变速控制的可靠性。

4. 主轴组件测试

耐磨性高，使传动系统具有良好的精度保持性。凡有机械摩擦的部位，如轴承、锥孔等都有足够的硬度，轴承处还有良好的润滑。要有足够高的精度、抗振性，热变形和噪声要小，传动效率高，以满足机床的工作性能要求。

5. 使用性能测试

操作灵活可靠，维修方便，润滑密封良好，以满足机床的使用要求。结构简单紧凑，工艺性好，成本低，以满足经济性要求。

【任务链接】

数控机床主轴传动系统是决定加工精度的重要组成部分，主轴的回转精度决定工件的加工精度，主轴的功率大小与回转速度决定加工效率，主轴的自动变速、准停和换刀等决定机床的自动化程度。因此，主轴部件必须要有和机床工作性能相适应的高回转精度、刚度、抗振性、耐磨性和低的温升。

主轴传动系统维护的注意事项如下：

1. 主传动系统不能正常工作时，应迅速停机解决故障。

2. 每日查看主轴润滑恒温油箱，保证油量充足，工作正常。要避免各种杂质进入润滑油箱，保证油液洁净。

3. 熟知数控机床主传动系统的结构、性能参数，避免超性能运用。

4. 刀具夹紧装置长时间使用后，会使活塞杆和拉杆间的空隙加大，导致拉杆位移量减小，使碟形弹簧张闭伸缩量不够，影响刀具的夹紧。这时需要尽快调整液压缸活塞的位移量。

5. 由液压系统平衡主轴箱重量的平衡系统，需定期查看液压系统的压力计。当油压低于标准值时，要迅速进行补油。

6. 注意保持主轴锥孔与刀柄的洁净，避免对主轴的机械碰击。

7. 操作者应仔细检查主轴箱温度，查看主轴润滑恒温油箱，调节温度范围，使油量充足。

8. 使用啮合式电磁离合器变速的主传动系统，离合器必须能够在低于 $1\sim2$ r/min 的转速下变速。

9. 每季度清理润滑油池底一次，并更换液压泵滤油器。

10. 定时检查压缩空气压力，并调整到标准要求值。足够的气压才能使主轴锥孔中的切屑和灰尘彻底被清理。

11. 使用液压拨叉变速的主传动系统，务必在主轴停车后变速。

12. 定时检查主轴的轴端及各处密封，避免润滑油液的泄漏。

13. 每季度对主轴润滑恒温油箱中的润滑油更换一次，并清洗过滤器。

14. 使用带传动的主轴系统，需定期检查、调试主轴驱动带的松紧程度，避免因带打滑造成的丢转现象。

任务三　自动换刀装置的装配与调试

【任务导入】

1. 能够正确使用工具、量具进行立式电动刀架的安装与调试。

2. 能够正确使用工具、量具进行刀库的安装与调试。

3. 能够进行自动换刀装置的精度测试。

【任务描述】

数控机床为了能在工件一次装夹中完成多种甚至所有加工工序，以缩短辅助时间和减小多次安装工件所引起的误差，必须带有自动换刀装置。在自动换刀数控机床上，对自动换刀装置的基本要求是：换刀时间短，刀具重复定位精度高，有足够的刀具存储量，刀库占地面积小，以及安全可靠等。数控车床上的回转刀架就是一种简单的自动换刀装置，可以设计成四方刀架、六角刀架或圆盘式轴向装刀刀架等多种形式。回转刀架上分别安装着四把、六把或更多的刀具，并按数控装置的指令换刀。带刀库的自动换刀数控系统由刀库和刀具交换机构组成。把加工过程中需要使用的全部刀具分别安装在标准刀柄上，在机外进行尺寸预调整后，按一定的方式放入刀库中去。换刀时先在刀库中进行选刀，并由刀具交换装置从刀库和主轴上取出刀具。在交换刀具之后，将新刀具装入主轴，把旧刀具放回刀库。存放刀具的刀库具有较大的容量，它既可以安装在主轴箱的侧面或上方，也可作为单独部件安装到机床以外，并由搬运装置运送刀具。

1. 辅助准备

（1）专用拆卸工具一套。

（2）检测用量具一套。

2. 工艺准备

（1）数控车床立式方刀架的装配与调整。

（2）加工中心刀库的装配与调整。

（3）自动换刀装置的精度检测。

【任务实施】

一、立式刀架的拆装与调试

1. 刀架拆装

（1）拆下闷头，用内六角扳手顺时针转动蜗杆，使离合盘松开，其外形结构如图 1—3—1 所示。

（2）拆下铝盖、罩座。

（3）拆下刀位线和小螺母，取出发信盘，如图 1—3—2 所示。

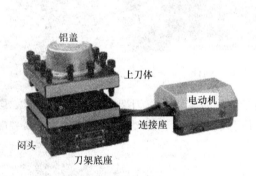

图 1—3—1　刀架外形

图 1—3—2　发信体

（4）拆下大螺母、止退圈，取出键、轴承。

（5）取下离合盘、定位销、离合销（球头销）、反靠销及弹簧等，如图 1—3—3 所示。

（6）夹住反靠销逆时针旋转上刀体，取出上刀体，如图 1—3—4 所示。

（7）拆下电动机罩、电动机、连接座、轴承盖、蜗杆。

（8）拆下螺钉，取出中心轴、蜗轮、蜗杆、轴承，如图 1—3—5 所示。

（9）拆下反靠盘、防护圈。

（10）拆下外齿圈。

（11）装配时所有零件应清洗干净，传动部件涂上润滑脂。

（12）按拆卸反顺序装配。

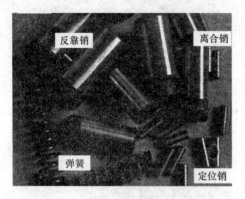

图1—3—3 定位销、离合销、反靠销
（粗定位销）、弹簧

图1—3—4 上刀体（刀架体）

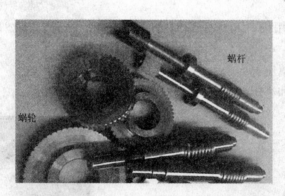

图1—3—5 蜗轮、蜗杆

转动电动机，检查是否能够轻松实现刀架抬起、刀架转位、刀架定位、刀架锁紧。若无法实现则未装配好，必须拆卸蜗轮、蜗杆、转位套、球头销、刀架体、定位销等重新装配。

2. 机械与电气调试

（1）刀架不能启动

1）机械方面。刀架预紧力过大。当用六角扳手插入蜗杆端部旋转时不易转动，而用力时，可以转动，但下次夹紧后刀架仍不能启动。此种现象出现，可确定刀架不能启动的原因是预紧力过大，可通过调小刀架电动机夹紧电流的方法解决。

刀架内部机械卡死。当从蜗杆端部转动蜗杆时，顺时针方向转不动，其原因是机械卡死。首先，检查夹紧装置反靠定位销是否在反靠棘轮槽内，若在，则需将反靠棘轮与螺杆连接销孔回转一个角度重新打孔连接；其次，检查主轴螺母是否锁死，如螺母锁死，应重新调整；最后，由于润滑不良造成旋转件研死，此时，应拆开，观察实际情况，加以润滑处理。

2）电气方面。电源不通，电动机不转。检查熔芯是否完好、电源开关是否良好接通、开关位置是否正确。当用万用表测量电容时，电压值是否在规定范围内，可通过更换保险、调整开关位置、使接通部位接触良好等相应措施来排除。除此以外，电源不通的原因还可考虑刀架至控制器断线、刀架内部断线、霍尔元件位置变化导致不能正常通断等情况。

电源通，电动机反转。可确定为电动机相序接反。通过检查线路，变换相序排除故障。

手动换刀正常，机控不换刀。此时应重点检查数控系统与刀架控制器引线、数控系统I/O接口及刀架到位回答信号。

（2）刀架连续运转、到位不停

由于刀架能够连续运转，所以，机械方面出现故障的可能性较小，主要从电气方面检查。

检查刀架到位信号是否发出，若没有到位信号，则是发信盘故障。此时可检查：发信盘弹性触头是否磨坏，发信盘地线是否断路、接触不良或漏接，是否需要更换弹性片触头或重修，针对其线路中的继电器接触情况、到位开关接触情况、线路连接情况相应地进行线路故障排除。

当仅出现某号刀不能定位时，则一般是由于该号刀位线断路所至。

（3）刀架越位过冲或转不到位

出现刀架越位过冲故障，机械原因的可能性较大，主要是后靠装置不起作用。

检查后靠定位销是否灵活，弹簧是否疲劳。此时应修复定位销使其灵活或更换弹簧。

检查后靠棘轮与蜗杆连接是否断开，若断开，需更换连接销。若仍出现过冲现象，则可能是由于刀具太长过重，应更换弹性模量稍大的定位销弹簧。

出现刀架运转不到位（有时中途位置突然停留），主要是由于发信盘触点与弹性片触点错位，即刀位信号胶木盘位置固定偏移所致。此时，应重新调整发信盘与弹性片触头位置并固定牢靠。

（4）刀架不能正常夹紧

出现该故障时，应当检查夹紧开关位置是否固定不当，若固定不当则调整至正常位置。

用万用表检查其相应线路继电器是否能正常工作，触点接触是否可靠。若仍不能排除，则应考虑刀架内部机械配合是否松动。有时会由于内齿盘上有碎屑造成夹紧不牢而使定位不准，此时，应调整其机械装配并清洁内齿盘。

二、刀库的安装与调试

1. 加工中心刀库的安装

（1）将所需工艺装备及结合面清理干净、去毛刺、倒钝锐角。

（2）试配刀库与支架、支架与立柱间的导向键，要求：前一键与支架上键槽配合稍紧、与刀库上键槽配合稍松滑移灵活；后一键与立柱上键槽配合稍紧、与支架上键槽配合稍松移动灵活，但滑移键侧间隙不得过大。分别将试配好的键固定到立柱和刀库支架上。

（3）将刀库与刀库支架连接到一起后固定到立柱上。吊装时应注意不得损伤刀库。

（4）装好各项调整装置后进行刀库调整，换刀点的调整按工序内容进行。

2. 刀库的调试

下面以圆盘刀库的调试为例进行说明。

（1）检查刀臂的平直度。将百分表固定在主轴上，检测刀臂两端是否平直（平直度在0.10 mm以内）。如果不平直则必须校正或通知刀库厂家处理。

刀臂检测没有问题后，再把三段式校刀器A件、B件分别装在主轴和刀臂上，用C件的松紧度作为参照来调整刀库位置。

（2）大体校正刀库位置。将刀臂摆到扣刀位置（即在主轴下面，注意观察位置是否已经到位：刀臂有一段时间保持固定不动，就可以确认已到达扣刀位置），大体校正刀臂和主轴中心孔的位置。

（3）调整刀库的水平度。把百分表固定在工作台上，通过支架和刀库的调整块来校正刀臂前后、左右的水平度（水平度在0.15 mm以内）。如果左右水平度超差，可以用铜箔垫在刀库支架底部来调整。

（4）准确校正刀库位置。准确校正好刀臂和主轴中心孔的位置，标准的位置应当是：C件可以轻松通过B件而进入A件的内孔。

注意：刀臂位置相对主轴要往前0.1~0.2 mm，绝对不能往后，否则换刀时刀臂容易将主轴打坏。

（5）再检查刀库水平度。校正好刀臂和主轴中心孔的位置后，再检查刀臂前后、左右的水平度。若水平度超差，则需要重新校正。如此重复第（3）和第（4）步，直到符合要求（水平度在0.15 mm以内）为止。

（6）检查刀盘电动机和刀臂电动机的旋转方向。检查刀盘和刀臂的旋转方向是否正确，刀盘正转正确的方向应当是刀套号在递增，刀臂正确的旋转方向应当是刀臂的缺口往前走（注意：刀臂没有反转）。

（7）检查刀套信号。用手按动刀套上下的电磁阀，检查刀套上检测到位、下检测到位的信号是否正确。

（8）检查刀臂信号。用扳手旋转刀臂电动机尾端，检查刀臂刹车信号、扣刀信号是否正确。

（9）调节打刀量。将刀柄装到主轴上，用手顶住刀柄，选择一个参考点，按松刀按钮，目测刀柄被打下多少距离，然后调节打刀缸的调节螺钉，如此重复，一直调到标准值为止，标准的打刀量为1.5 mm。调好之后，将刀柄取下。

（10）调整松、紧刀信号检测开关和检测信号。

（11）设定主轴定向。将三段式校刀器B件装在刀臂上，不断调节参数，一直到符合标准为止。标准的主轴定向位置应当是：将主轴卡钉卡进三段式校刀器B件后，B件还有可以左右旋转的间隙。

注意：重新设定主轴定向时，一定要先将主轴抬高，直至卡钉离开三段式校刀器的B件，否则会出现不可预料的后果。

（12）设定第二参考点。标准的第二参考点位置应当是：刀臂卡进刀柄后，刀臂的凸槽和B件的凹槽上下缝隙正好合适。

注意：第二参考点的位置必须是将机械坐标设定到参数中，切勿看错坐标，否则会损坏主轴或刀臂。

三、自动换刀装置的调试过程

1. 安装前先检查刀库外观有无破损，油漆是否刮花，是否缺少零部件。
2. 圆盘刀库调试前先检查刀库刀臂与刀套的中心是否正确。方法是：按下电磁阀使刀套向下，装上对刀仪，旋转刀臂，用对刀棒检查中心是否正确。

3. 刀库正常使用气压为（6 ± 1）MPa。

4. 检查刀臂刀爪伸缩头固定螺钉是否锁紧。

5. 刀库调试过程中尽量用手轮移动，不要用快速位移。

6. 更换传动带、主轴或电动机后，一定要重新检查刀库高度与角度，勿动刀库。

7. 打刀缸上的松刀、紧刀开关不要压得太松或太紧，其次固定螺钉一定要锁紧。

8. 打刀量一定要调整，不带刀库可以尽可能调大一些，带刀库的要调至 0.9 ~ 1 mm。

9. 在调试过程中，如果发现刀库异响、零部件损坏、刀套上下快慢不对，或刀盘、刀臂旋转错误等要及时停止。

10. 换刀过程中不要随便停止刀库。

11. 安装机床或重接外接电源时，要检查电源相序是否正确，方法是：按刀库正转，看是否为顺时针旋转。

12. 在刀库换刀过程中，严禁按复位键。

13. 机床三轴回零时，刀臂要在原位。

14. 以上所有步骤都完成后，不要急着把刀柄装上，先试运行刀库换刀的动作是否正确，动作正确之后再进行下一步。如果出现刀套没有下来，就要检查刀套电磁阀上、下两头的电线是否互换了。

15. 圆盘刀库正确的换刀动作是：主轴定向→Z 轴移动至第二参考点→刀库选刀→刀套动作（下）→刀臂扣刀→主轴松刀→刀臂交换刀具→主轴紧刀→刀臂回到原点→刀套动作（上）→换刀完成。

16. 换刀动作正确之后，逐一将刀柄装上主轴，然后执行换刀。换刀过程中注意观察换刀的声音是否偏大，是否有明显的金属撞击声或其他异常声音。连续换刀 20 min 后，检查刀库有无乱刀现象和刀臂电动机是否发烫。

注意：换刀测试过程中，一定要有两个刀柄同时交换的情况出现。

【任务链接】

各类数控机床的自动换刀装置的结构取决于机床的形式、工艺范围以及刀具的种类和数量等，主要可以分为以下几种形式。

1. 回转刀架换刀

数控机床上使用的回转刀架是一种最简单的自动换刀装置，根据加工对象的不同，可以设计成四方刀架和六角刀架等多种形式，分别安装着四把、六把或更多的刀具，并按数控装置的指令换刀。回转刀架在结构上必须具有良好的强度和刚度，以承受粗加工时的切削抗力。由于车削加工精度在很大程度上取决于刀尖位置，而加工过程中对刀尖位置一般不进行人工调整，因此，更有必要选择可靠的定位方案和合理的定位结构，以保证回转刀架在每次转位之后，具有尽可能高的重复定位精度。

回转刀架的全部动作由液压系统通过电磁换向阀和顺序阀进行控制，它的动作分为四个步骤：刀架抬起、刀架转位、刀架压紧、转位油缸复位。

回转刀架除了采用液压缸驱动转位和定位销定位以外，还可以采用电动机/马氏机构转位和鼠齿定位，以及其他转位和定位机构。

2. 更换主轴头换刀

在带有旋转刀具的数控机床中，更换主轴头是一种比较简单的换刀方式。主轴头通常有卧式和立式两种，而且常用转塔的转位来更换主轴头，以实现自动换刀，在转塔的各个主轴头上，预先安装有各工序所需要的旋转刀具，当发出换刀指令时，各主轴头依次地转到加工位置，并接通主运动，使相应的主轴带动刀具旋转，而其他处于不加工位置上的主轴都与主运动脱开。

由于空间位置的限制，主轴部件的结构不可能设计得十分坚实，因此影响了主轴系统的刚度，为了保证主轴的刚度，主轴的数目必须加以限制，否则将会使结构尺寸大为增加。转塔主轴头换刀方式的主要优点在于省去了自动松夹、卸刀、装刀、夹紧以及刀具搬运等一系列复杂的操作，从而提高了换刀的可能性，并显著地缩短了换刀时间。但由于结构上的原因，转塔主轴头通常只适用于工序较少、精度要求不太高的数控机床，如数控钻床等。

3. 带刀库的自动换刀系统

带刀库的自动换刀系统由刀库和刀具交换装置（如机械手等）组成，目前它是多工序数控机床上应用最为广泛的换刀方法。

整个换刀过程较为复杂，首先把加工过程中需要使用的全部刀具分别安装在标准的刀柄上，在机外进行尺寸预调整之后，按一定的方式放入刀库。换刀时先在刀库中进行选刀，并由刀具交换装置分别从刀库和主轴上取出刀具。在进行刀具交换之后，将新刀具装入主轴，把旧刀具放回刀库。存放刀具的刀库具有较大的容量，它既可安装在主轴箱的侧面或上方，也可作为单独部件安装在机床以外，并由搬运装置运送刀具。

带刀库的自动换刀数控机床主轴箱与转塔主轴头相比较，由于主轴箱内只有一个主轴，设计主轴部件时就有可能充分增大它的刚度，因而能够满足精密加工的要求；另外刀库可以存放数量很多的刀具，因此，能够进行复杂零件的多工序加工，这样就明显地提高了机床的适应性和加工效率。所以带刀库的自动换刀装置特别适用于数控钻、铣、镗床。但这种换刀方式的整个过程动作较多，换刀时间长，系统较为复杂，降低了工作的可靠性。

模块二

数控机床电气系统的连接与调试

【知识点】

1. 掌握数控机床电气系统的连接。
2. 掌握进给伺服系统的电气连接与调试。
3. 掌握主轴伺服系统的电气连接与调试。
4. 掌握数控机床辅助系统的电气连接与调试。

【技能点】

1. 能够看懂数控机床的电气原理图。
2. 能够根据机床电气原理图对数控机床进行连接与调试。

任务一　数控机床电气系统的总体结构与电气连接

【任务导入】

1. 能够正确识读数控机床的电气原理图。
2. 能够根据电气原理图连接数控机床电气系统。
3. 能够对电气系统进行调试与维修。

【任务描述】

数控机床的电气控制系统在数控机床中起着重要的作用，数控机床想要正常地进行切削加工，不仅需要来自数控系统的指令，还需要电气控制和执行元器件，才能使数控机床各部件能够准确、有序地按照所编写的数控程序进行运动，最终加工出合格的零件。

本任务以北京机电院股份公司生产的 BV75 型加工中心（见图 2—1—1）为对象，配备有华中 808 数控系统（见图 2—1—2）。本任务主要对数控机床的电气系统进行连接与调试，加强对电气系统的认识。

23

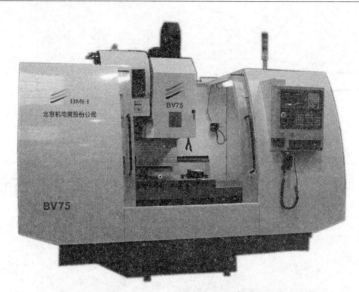

图 2—1—1　BV75 型加工中心

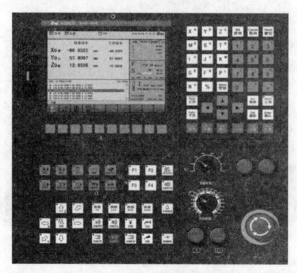

图 2—1—2　华中 808 数控系统

1. 设备、工具准备

BV75 型加工中心、十字旋具、一字旋具、压线钳、剥线钳、斜口钳、导线、压线端子、万用表、线号机、线号管等。

2. 资料准备

BV75 型加工中心电气原理图、华中 808 数控系统使用说明书、华中 HSV-160U 交流伺服驱动说明书、BV75 型加工中心使用说明书等。

【任务实施】

一、硬件连接

图 2—1—3 所示为 BV75 型加工中心的电气原理图。

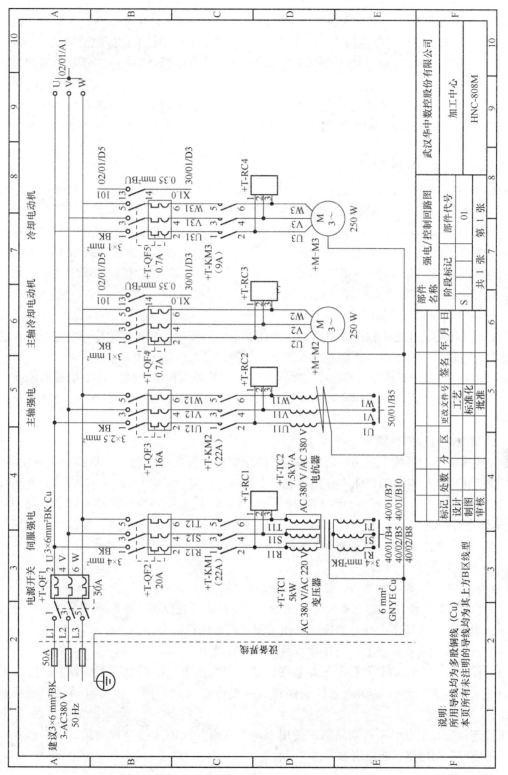

图 2—1—3 BV75 型加工中心电气原理图

1. 伺服强电控制回路连接

伺服强电控制回路如图 2—1—3 所示，本控制回路主要通过低压断路器、接触器、变压器等元器件将 AC 380 V 电压变换成 AC 220 V 电压输送给各运动轴的伺服驱动单元。

电柜中的三相四线制 AC 380 V 电压 L1、L2、L3 进入电源总开关 QF1，经过电源开关后线号变成 U、V、W 接入伺服强电控制开关 QF2，经电源开关下端 R12、S12、T12 输出到接触器 KM1 三个主触点，接触器下端输出 R11、S11、T11 到变压器 TC1 的输入端，经变压器输出端 R1、S1、T1 分别输入到 40/01/B4、40/01/B7、40/01/B10 三个伺服驱动器的 R、S、T 端，如图 2—1—4 所示。

2. 主轴强电控制回路

主轴强电控制回路如图 2—1—3 所示，本控制回路主要通过低压断路器、接触器、电抗器等元器件将 AC 380 V 电压输送给加工中心主轴驱动单元。

三相电 L1、L2、L3 经开关 QF1 后变线号 U、V、W 接入主轴强电控制开关 QF3，经断路器下端 U12、V12、W12 输出到接触器 KM2 三个主触点，接触器下端输出 U11、V11、W11 到电抗器 TC2 的输入端，经电抗器输出端 U1、V1、W1 输入到 50/01/B5 的主轴伺服驱动单元的 L1、L2、L3 电源进线端子处，如图 2—1—5 所示。

3. 主轴冷却电动机控制回路

主轴电动机的冷却在主轴电动机的运转中起着重要的作用，如果主轴冷却电动机出现故障将会造成主轴电动机过热，从而造成数控机床报警，导致机床无法正常使用。

三相电 L1、L2、L3 经开关 QF1 后变线号 U、V、W 接入控制主轴冷却电动机的断路器 QF4（带有辅助常开触点），经断路器 QF4 输出后接入到主轴冷却电动机 M2 的输入端 U2、V2、W2。

4. 冷却电动机控制回路

数控机床的冷却系统主要用于清理切屑、防止腐蚀、降低加工温度、提高加工质量等，冷却系统的正常运行对数控机床零件加工有一定影响。

三相电 L1、L2、L3 经开关 QF1 后变线号 U、V、W 接入控制冷却电动机的断路器 QF5（带有辅助常开触点），经断路器 QF5 输出后接入到接触器 KM3 的主触点，经接触器的输出端 U3、V3、W3 输入到冷却电动机 M3 的三相电源进线端。

5. 连接注意事项

（1）根据电气原理图的要求，正确选择电器元件。

（2）根据 BV75 型加工中心电气原理图和数控机床电器控制柜，正确裁剪导线。

（3）根据电气原理图中线号的表示，使用线号机正确打印所需要的线号管。

（4）将线号管套在导线上，并在导线两端接压线端子。

（5）根据 BV75 型加工中心电气原理图，在数控机床电气控制柜的配线盘中完成数控机床伺服强电控制回路、主轴强电控制回路、主轴冷却控制回路、冷却电动机控制回路的连接。

（6）连接完成后断开所有断路器，使用万用表检查导线的连接是否正确，同时检查线与线之间是否存在短路、断路现象。

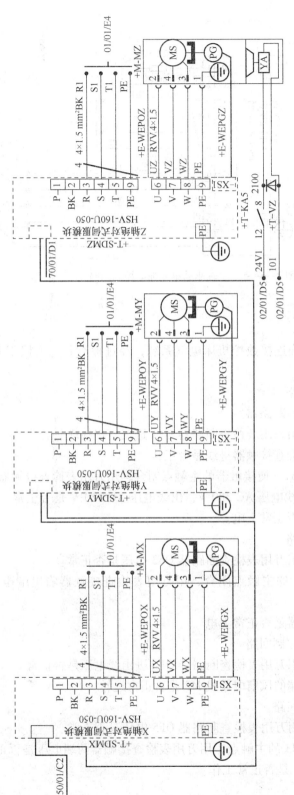

图 2—1—4 伺服驱动单元强电控制回路

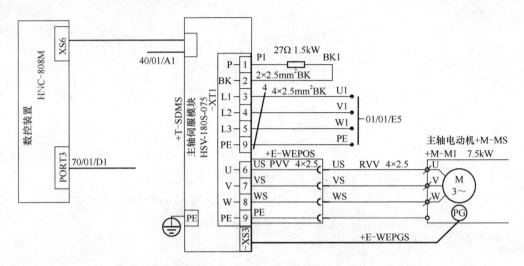

图 2—1—5 主轴驱动单元强电控制回路

二、接通电源

根据上述实施步骤，正确连接数控机床电气系统，经过检查确认连接正确后可以接通电源。

1. 检查伺服强电控制回路

（1）断开电器柜中的所有断路器。

（2）合上断路器 QF1，用万用表检查断路器 QF1 进线、出线端是否为 AC 380 V。

（3）合上断路器 QF2，检查接触器进线是否正常。

（4）手动吸合接触器 KM1，使接触器的主触点闭合，用万用表检查接触器输出端。

（5）检查变压器 TC1 进线电压 AC 380 V，出线电压 AC 220 V 是否正常。

（6）检查伺服驱动器是否正常上电。

2. 检查主轴强电控制回路

（1）合上断路器 QF3，用万用表检查断路器 QF3 电压是否正常。

（2）手动使接触器 KM2 的主触点闭合，用万用表检查接触器输出端电压是否为 AC 380 V。

（3）检查主轴伺服驱动器是否正常上电。

3. 检查主轴冷却电动机控制回路

（1）合上断路器 QF4，用万用表检查断路器 QF4 进出线电压是否正常。

（2）检查主轴电动机后端的风扇电动机 M2 是否正常运转。

4. 检查冷却电动机控制回路

（1）合上断路器 QF5，用万用表检查断路器 QF5 电压是否正常。

（2）手动吸合接触器 KM3 的主触点，用万用表检查接触器两端电压是否正常。

（3）检查冷却电动机 M3 是否正常工作。

【任务链接】

在任务实施过程中，通过自我评价、小组评价、教师评价三个方面对学生实习过程中的表现进行评价，督促学生规范操作，以提高学生的动手能力。

班级：　　　　　姓名：　　　　　学号：　　　　　指导教师：

任务名称：

评价项目	评价标准	评价依据	评价方式			权重	得分小计	总分
			自我评价	小组评价	教师评价			
			0.2	0.3	0.5			
职业素质	1. 遵守管理规定，工作纪律性强 2. 操作标准、规范，安全意识强 3. 积极主动、勤学好问	实习表现				0.2		
专业能力	1. 工量具使用标准、规范 2. 能够正确绘制机床电气原理图	1. 书面作业 2. 实训任务完成情况				0.7		
创新能力	能够推广、应用国内相关职业的新工艺、新技术、新材料、新设备	"四新"技术的应用情况				0.1		
教师评价	指导老师签名：				日期：			

任务二　进给伺服系统的连接与调试

【任务导入】

1. 能够正确识读数控机床进给伺服系统的电气原理图。

2. 能够根据进给伺服系统电气原理图连接线路。

3. 能够对进给伺服电气系统进行调试与维修。

4. 能够正确设置伺服驱动系统的常见参数。

【任务描述】

数控机床进给伺服系统在数控机床中起着重要作用，是连接数控系统和运动部件的纽带。进给伺服系统分为直流进给伺服驱动系统和交流进给伺服驱动系统，随着社会的发展，直流进给伺服驱动逐渐被交流伺服驱动所取代。华中 8 型数控系统所使用的伺服驱动为 HSV-160U-035 型交流伺服驱动。

进给伺服系统主要由进给伺服驱动器和伺服电动机两部分组成。伺服驱动器主要接收来自数控系统的指令信号，经电路整形放大后将信号输送给伺服电动机，电动机带动工作台做直线运动。因此，伺服驱动器的性能很大程度上决定了数控机床的加工精度。

HSV-160U 型伺服驱动器和 LB 系列低压进给电动机如图 2—2—1 所示。

a)　　　　　　　　　　　　　　　b)

图 2—2—1　HSV-160U 型伺服驱动器和 LB 系列低压进给电动机

a）伺服驱动器　b）低压进给电动机

1. 设备、工具准备

BV75 型加工中心、十字旋具、一字旋具、压线钳、剥线钳、斜口钳、导线、压线端子、万用表、线号机、线号管等。

2. 资料准备

BV75 型加工中心电气原理图、华中 808 数控系统使用说明书、华中 HSV-160U 交流伺服驱动说明书、BV75 型加工中心使用说明书等。

【任务实施】

一、硬件连接

1. 伺服驱动电源部分的连接

伺服驱动电源部分连接电路如图 2—2—2 和图 2—2—3 所示，电柜中三相四线制电源经过 50A 熔断器，线号 L1、L2、L3 进入电源开关 QF1，经电源开关变为 U、V、W 三相进入 QF2 进线端，R12、S12、T12 连接接触器 KM1 的主触点，同时接触器连接灭弧装置 RC1，接触器的输出端 R11、S11、T11 进入变压器 TC1，变压器将 AC 380 V 交流电压转换成 AC 220 V 电压，由变压器的输出端 R、S、T 分别输入到 X 轴、Y 轴、Z 轴伺服驱动器连接端口的 R、S、T 端。

按照以上顺序连接伺服驱动系统的总电源部分。

2. 伺服驱动器与数控系统的连接

华中伺服驱动器与数控系统之间通过 NCUC 以串联的方式进行连接，NCUC 总线可以大大提高传输效率，提高抗干扰能力，图 2—2—4 所示为 XS6 NCUC 总线接口。

按照图 2—2—5 所示的方式正确连接数控系统与伺服驱动器。

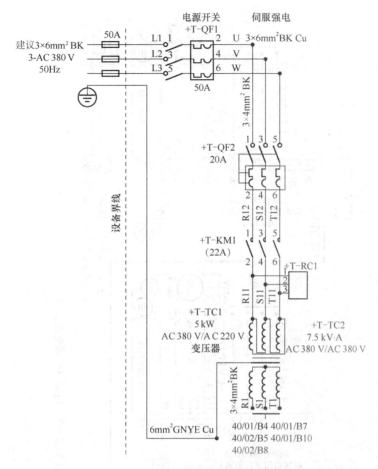

图 2—2—2　伺服驱动器电源部分主电路

3. 伺服驱动器与电动机的连接

伺服驱动器与电动机相连才能够将运动指令传送给电动机，实现机床工作台的运动。伺服驱动器与电动机的连接如图 2—2—6 所示。

伺服驱动器通过 U、V、W 三相与电动机相连，PE 相为接地线。同时伺服电动机的编码器通过 XS3 接口与伺服驱动器连接。

完成上述连接后对数控系统与伺服驱动器、伺服驱动器与伺服电动机、伺服电动机与编码器之间的硬件连接进行检查，主要检查线路是否连接正常、接地线是否进行连接，并将三者之间的动力线分开走线，避免产生干扰。

二、参数设置

硬件连接完成后，对华中 808 数控系统和伺服驱动器进行上电，完成数控系统和伺服驱动器的参数调试。

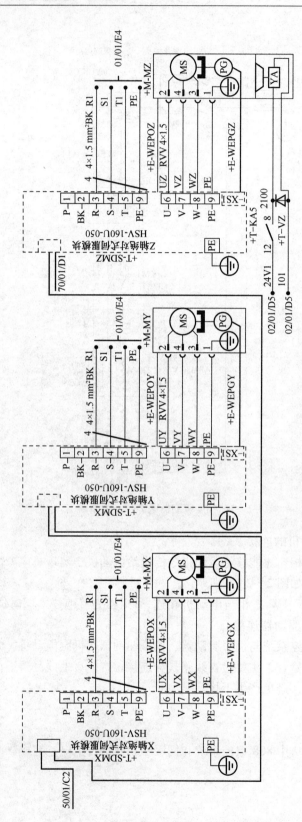

图 2—2—3 伺服驱动器电源连接

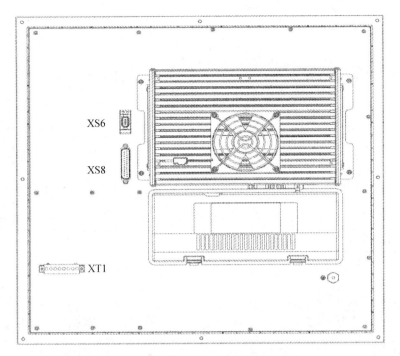

图 2—2—4 XS6 NCUC 总线接口

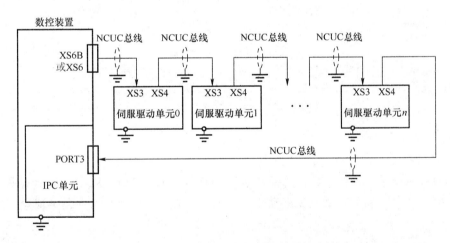

图 2—2—5 数控系统与伺服驱动器的连接

华中 808 数控系统完成硬件连接后可在数控系统中修改或设置伺服驱动相关的参数。例如，当设置逻辑轴号的轴类型为 1 时，坐标轴参数中会多出 PRAM10X200 ~ PRAM10X287 共 88 个伺服参数（见图 2—2—7），与伺服设置相关的参数可以通过这些参数在数控系统中直接设定。

数控机床硬件连接完成后，第一次上电后需要对电动机的相关参数进行设定。

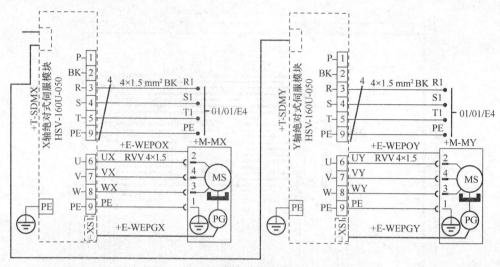

图 2—2—6　伺服驱动器与电动机的连接

参数列表	参数号	参数名	参数值	生效方式
NC参数	100200	位置比例增益	1000	保存
机床用户参数	100201	位置前馈增益	0	保存
[+]通道参数	100202	速度比例增益	679	保存
[-]坐标轴参数	100203	速度积分时间常数	30	保存
逻辑轴0	100204	速度反馈滤波因子	1	保存
逻辑轴1	100205	最大力矩输出值	110	保存
逻辑轴2	100206	加速时间常数	200	保存
逻辑轴3	100210	全闭环反馈信号计数取反	0	保存
逻辑轴4	100211	定位完成范围	100	保存
逻辑轴5	100212	位置超差范围	20	保存
逻辑轴6	100213	位置指令脉冲分频分子	1	保存

图 2—2—7　数控系统中伺服相关参数

1. 与伺服电动机相关的参数

（1）电动机类型代码设置

找到数控系统中坐标轴参数，选择"逻辑轴 0"找到 PARM10X243（驱动器规格/电动机类型代码）参数，将此参数根据电动机的代码设置成 1214，如图 2—2—8 所示。

参数列表	参数号	参数名	参数值	生效方式
NC参数	100238	减速时间常数	200	保存
机床用户参数	100239	第4位置指令脉冲分频分子	1	保存
[+]通道参数	100240	报闸输出延时	0	保存
[-]坐标轴参数	100241	允许报闸输出速度阈值	100	保存
逻辑轴0	100242	速度到达范围	10	保存
逻辑轴1	100243	驱动器规格/电动机类型代码	1214	保存
逻辑轴2	100244	第2位置比例增益	1000	保存
逻辑轴3	100245	第2速度比例增益	679	保存
逻辑轴4	100246	第2速度积分时间常数	30	保存
逻辑轴5	100247	第2转矩指令滤波时间常数	0	保存
逻辑轴6	100248	增益切换条件	0	保存

图 2—2—8　电动机类型代码参数

（2）电动机磁极对数及编码器类型设置

根据数控机床所使用的伺服电动机的类型和编码器形式，设置 PARM10X224 伺服电动机磁极对数为 4，设置 PARM10X225 编码器类型为 7，如图 2—2—9 所示。

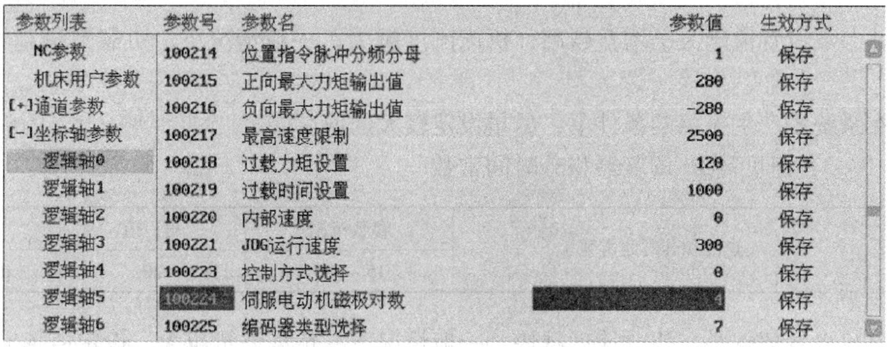

参数列表	参数号	参数名	参数值	生效方式
NC参数	100214	位置指令脉冲分频分母	1	保存
机床用户参数	100215	正向最大力矩输出值	280	保存
[+]通道参数	100216	负向最大力矩输出值	-280	保存
[-]坐标轴参数	100217	最高速度限制	2500	保存
逻辑轴0	100218	过载力矩设置	120	保存
逻辑轴1	100219	过载时间设置	1000	保存
逻辑轴2	100220	内部速度	0	保存
逻辑轴3	100221	JOG运行速度	300	保存
逻辑轴4	100223	控制方式选择	0	保存
逻辑轴5	100224	伺服电动机磁极对数	4	保存
逻辑轴6	100225	编码器类型选择	7	保存

图 2—2—9 电动机磁极对数参数

设置完上述参数后，将数控机床断电重启，伺服驱动器将根据电动机类型自动配置伺服参数。

2. 与转矩控制环相关的参数

（1）PA-27：电流控制环 PI 比例增益

参数号		参数范围	出厂值	单位
PA27	电流控制环 PI 比例增益	10 ~ 32767	820	

1）若电动机中出现较大的电流噪声或叫器声时，可适当减小此参数。

2）此参数如果设置太小会使电动机响应滞后，因此应尽量设定较大值。

（2）PA-28：电流控制环 PI 积分时间常数

参数号		参数范围	出厂值	单位
PA28	电流控制积分时间	1 ~ 2047	43	0.1 ms/unit

1）若电动机中出现较大的电流噪声或叫器声时，可适当增大此参数。

2）设置太大，会使速度响应滞后。

（3）PA-32：输出转矩滤波时间常数

参数号		参数范围	出厂值	单位
PA32	输出转矩滤波时间	0 ~ 500	1	0.1 ms

1）时间常数越小，控制系统的响应特性越快，会使得数控系统不稳定。

2）不需要太低的响应特性时，通常设定为 0。

3. 与速度环控制相关的参数

（1）PA-2：速度环 PI 调节器比例增益

参数号	速度比例增益	参数范围	出厂值	单位
PA2		20～10 000	250	

1）此参数设置值越大，增益越高，机床刚度越大。一般情况下，负载惯量越大，设定值越大。

2）在系统不产生振荡的条件下，尽量设定较大的值。

（2）PA-3：速度环 PI 调节器积分时间常数

参数号	速度积分时间常数	参数范围	出厂值	单位
PA3		15～500	20	0.1 ms

1）参数设置值越小，积分速度越快。一般情况下，负载惯量越大，设定值越大。

2）在系统不产生振荡的条件下，尽量设定较小的值。

（3）PA-4：速度反馈滤波因子

参数号	速度反馈滤波因子	参数范围	出厂值	单位
PA4		15～500	20	

1）数值越大，截止频率越低，电动机产生的噪声越小。如果负载惯量很大，可以适当减小设定值。数值太大，造成响应变慢，可能会引起振荡。

2）数值越小，截止频率越高，速度反馈响应越快。如果需要较快的速度响应，可以适当减小设定值。

（4）PA-6：速度控制模式加速时间常数

参数号	加速时间常数	参数范围	出厂值	单位
PA6		1～32 000	200	ms

1）加速时间常数设定值是指电动机从 0 加速到 1 000 r/min 的加速时间。

2）此参数仅用于速度控制方式。

（5）PA-38：速度控制模式减速时间常数

参数号	减速时间常数	参数范围	出厂值	单位
PA38		1～32 000	200	ms

1）设定值表示电动机从 2 000～0 r/min 的减速时间。

2）此参数仅用于速度控制方式。

4. 与位置环控制相关的参数

（1）PA-0：位置环调节器的比例增益

参数号	位置比例增益	参数范围	出厂值	单位
PA0		20～10 000	400	0.1 Hz

设置值越大，增益越高，刚度越大，相同频率指令脉冲条件下位置滞后量越小。但数值太大可能会造成振荡或超调。

（2）PA-1：位置前馈增益

参数号	位置前馈增益	参数范围	出厂值	单位
PA1		0 ~ 150	0	%

1）设定为100%时，表示在任何频率的指令脉冲下，位置滞后量总是为0。

2）位置环的前馈增益大，控制系统的高速响应特性快，但会使系统更容易产生振荡。

3）不需要太快的响应特性时，本参数通常设定为0。

（3）PA-33：位置前馈滤波时间常数

参数号	位置前馈滤波时间常数	参数范围	出厂值	单位
PA33		0 ~ 3 000	0	0.1 ms

时间常数越小，控制系统的响应特性变快，会使系统不稳定，容易产生振荡。

（4）PA-13：位置指令脉冲分频分子

参数号	位置指令脉冲分频分子	参数范围	出厂值	单位
PA13		1 ~ 32 767	1	脉冲

（5）PA-14：位置指令脉冲分频分母

参数号	位置指令脉冲分频分母	参数范围	出厂值	单位
PA14		1 ~ 32 767	1	脉冲

指令脉冲电子齿轮分子 N 由 DI 输入的电子齿轮切换开关 0、电子齿轮切换开关 1 组合选择，分母 M 由参数设置。

开关 0	开关 1	电子齿轮分子 N
0	0	第一分子
0	1	第二分子
1	0	第三分子
1	1	第四分子

位置指令脉冲分频分子/分母计算方法为：

$$PG = NC$$

式中 P——输入指令的脉冲数；

G——电子齿轮比，G = 位置指令脉冲分频分子/位置指令脉冲分频分母；

N——电动机旋转圈数；

C——电动机编码器每转脉冲数。

例 2—1 一台数控机床输入指令的脉冲数为 6 000，伺服电动机转动 1 圈，电动机编码器为 2 500 线增量式光电编码器。试计算此机床的位置指令脉冲分频分子/分母。

解：由 $PG = NC$ 可得：

$$G = NC/P = 1 \times 2\,500 \times 4/6\,000 = 5/3$$

因此，PA-13 设定为 5，PA-14 设定为 3。

（6）PA-35：位置指令平滑滤波时间

参数号	位置指令平滑滤波时间	参数范围	出厂值	单位
PA35		0 ~ 3 000	0	1 ms

1）滤波时间常数越小，控制系统的响应特性越快。

2）滤波时间常数越大，控制系统的响应特性越慢。

3）本参数通常可以设定为 0。

设定完上述参数后，对修改的参数进行保存，然后机床断电重新上电，手动、手轮方式下检查坐标轴的移动情况。如果数控机床伺服轴移动不正常，则应重新调整上述参数。

【任务链接】

一、伺服驱动器型号与接口

华中数控系统常见的伺服驱动器主要有 HSV-180 系列和 HSV-160 系列两种。HSV-160U 伺服驱动器的型号说明如图 2—2—10 所示。HSV-160U 伺服驱动器面板正面接口说明如图 2—2—11 所示。

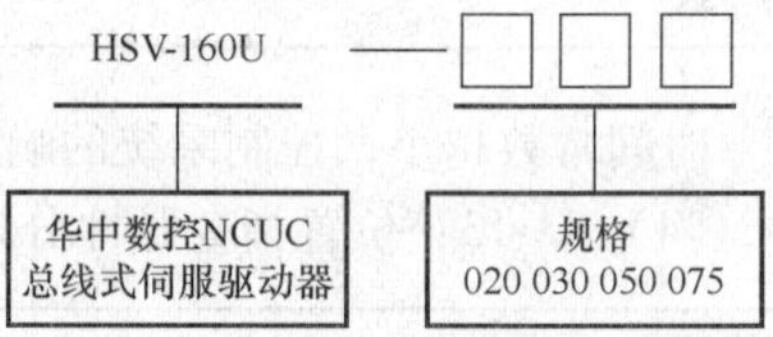

图 2—2—10　华中 HSV-160 系列伺服驱动器型号

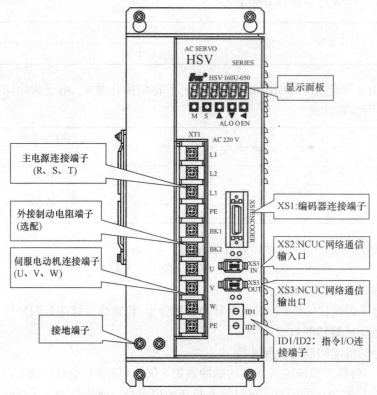

图 2—2—11　HSV-160U 伺服驱动器接口

HSV-160U-050 伺服驱动器各接口说明如下。

1. XT1 电源端子

HSV-160U-050 伺服驱动器 XT1 电源端子如图 2—2—12 所示，XT1 电源端子说明见表 2—1—1。

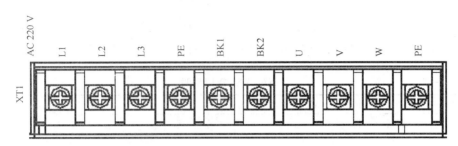

图 2—2—12 HSV-160U-050 伺服驱动器 XT1 电源端子

表 2—2—1 XT1 电源端子信号说明

端子号	端子记号	信号名称	功能
1	L1	主回路电源三相输入端子	主回路电源输入端子 AC 220 V/50 Hz、单相，用于小功率场合，一般不推荐使用。注意：不要同电动机输出端子 U、V、W 连接
2	L2		
3	L3		
4	PE	系统接地	接地端子，接地电阻 <4 Ω。伺服电动机输出和电源输入公共点接地
5	BK1	外接制动电阻	外接的制动电阻与内部的制动电阻并联，内部制动电阻阻值为 200 W 70 Ω。警告：切勿短接 BK1 和 BK2，否则会烧坏驱动器
6	BK2		
7	U	伺服电动机输出	伺服电动机输出端子。必须与电动机 U、V、W 端子对应连接
8	V		
9	W		
10	PE ⏚	系统接地	接地端子，接地电阻 <4 Ω。伺服电动机输出和电源输入公共点接地

2. 拨码开关 ID1、ID2

拨码开关 ID1、ID2 目前为保留功能，暂不起作用。

3. 网络通信接口 XS2、XS3

网络通信接口 XS2、XS3 用于与上位机进行数据交换。

华中 HSV-160U-050 伺服驱动器网络通信接口 XS2、XS3 如图 2—2—13 所示，XS2、XS3 接口说明见表 2—2—2。

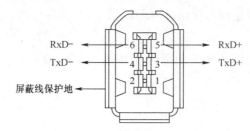

图 2—2—13　HSV-160-050 伺服驱动网络通信接口 XS2、XS3

表 2—2—2　　　　　　　　　　　　XS2、XS3 接口说明

端子序号	端子记号	信号名称	功能
1	保留		
2	保留		
3	TxD +	网络数据发送 +	与控制器或上位机网络通信接口的接收（RxD +）连接
4	TxD –	网络数据发送 –	与控制器或上位机网络通信接口的接收（RxD –）连接
5	RxD +	网络数据接收 +	与控制器或上位机网络通信接口的发送（TxD +）连接
6	RxD –	网络数据接收 –	与控制器或上位机网络通信接口的发送（TxD –）连接

4. 电动机码盘反馈接口 XS1

XS1 作为电动机编码器反馈信号输入接口，这一信号既作为电动机的速度反馈信号，又作为电动机轴的位置反馈信号。XS1 接口分布如图 2—2—14 所示，XS1 接口说明见表 2—2—3。

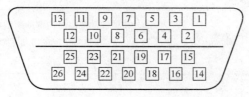

图 2—2—14　XS1 接口分布

表 2—2—3　　　　　　　　　　　　XS1 接口说明

端子序号	端子记号	I/O	信号名称	功能
1	A + /SINA +	I	编码器 A + 输入	与伺服电动机光电编码器 A + 相连接
2	A – /SINA –	I	编码器 A – 输入	与伺服电动机光电编码器 A – 相连接
3	B + /COSB +	I	编码器 B + 输入	与伺服电动机光电编码器 B + 相连接
4	B – /COSB –	I	编码器 B – 输入	与伺服电动机光电编码器 B – 相连接
5	Z +	I	编码器 Z + 输入	与伺服电动机光电编码器 Z + 相连接
6	Z –	I	编码器 Z – 输入	与伺服电动机光电编码器 Z – 相连接
7	U + /DATA +	I	编码器 U + 输入	与伺服电动机光电编码器 U + 相连接
8	U – /DATA –	I	编码器 U – 输入	与伺服电动机光电编码器 U – 相连接
9	V + /CLOCK +	I	编码器 V + 输入	与伺服电动机光电编码器 V + 相连接
10	V – /CLOCK –	I	编码器 V – 输入	与伺服电动机光电编码器 V – 相连接
11	W +	I	编码器 W + 输入	与伺服电动机光电编码器 W + 相连接

端子序号	端子记号	I/O	信号名称	功能
12	W –	I	编码器 W – 输入	与伺服电动机光电编码器 W – 相连接
13、26	保留			
16、17、18、19	+5 V	O	输出 +5 V	1. 为所接光电编码器提供 +5 V 电源 2. 当电缆长度较长时,应使用多根芯线并联
23、24、25	GNDD	O	信号地	1. 与伺服电动机光电编码器的 0 V 信号相连接 2. 当电缆长度较长时,应使用多根芯线并联
20、22	保留			
21	保留			
14、15	PE	O	屏蔽信号	与伺服电动机光电编码器的 PE 信号相连接

二、伺服驱动器线路连接

伺服驱动器与电动机的线路连接如图 2—2—15 所示。

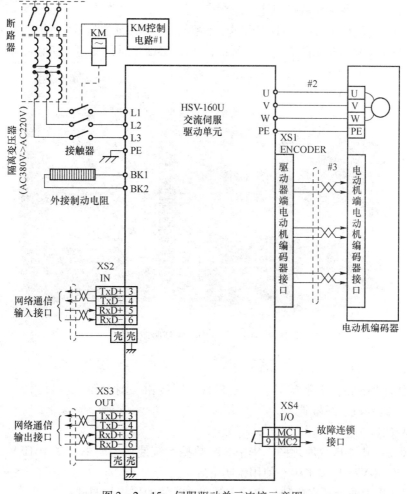

图 2—2—15　伺服驱动单元连接示意图

任务三　主轴伺服系统的连接与调试

【任务导入】

1. 能够正确识读数控机床主轴伺服系统的电气原理图。
2. 能够根据主轴伺服系统电气原理图连接线路。
3. 能够对主轴伺服电气系统进行调试与维修。

【任务描述】

主轴驱动系统在数控机床中起着重要的作用，能够为切削加工提供足够的功率和切削速度。零件切削加工时，要求在低速下拥有足够的转矩，恒功率范围要宽，同时一些机床还要求主轴要有定向功能，以满足切削加工的要求。

数控机床的主轴驱动系统主要分为模拟主轴和伺服主轴两种：模拟主轴是将 S 指令转换为 $-10 \sim +10$ V 的模拟量信号，适用于经济型的数控机床；伺服主轴驱动由于具有三环控制，使其具有响应快、速度高、过载能力强的特点，还可以实现主轴定向功能，因此，在数控铣床、加工中心以及高档数控机床中应用广泛。

正确连接数控机床的主轴电气回路并进行参数的设定是保证主轴伺服系统正常使用的基础。华中主轴伺服驱动器如图 2—3—1 所示，华中 GM7 主轴伺服电动机如图 2—3—2 所示。

图 2—3—1　华中主轴伺服驱动器

1. 设备、工具准备

BV75 型加工中心、十字旋具、一字旋具、压线钳、剥线钳、斜口钳、导线、压线端子、万用表、线号机、线号管等。

2. 资料准备

BV75 型加工中心电气原理图、华中 808 数控系统使用说明书、华中 HSV-160U 交流伺服驱动说明书、BV75 型加工中心使用说明书等。

3. 根据所提供的资料完成数控机床主轴驱动系统的连接与调试。

图 2—3—2 华中 GM7 主轴伺服电动机

【任务实施】

一、硬件连接

1. 正确连接主轴伺服驱动器的主回路

（1）根据图 2—3—3、图 2—3—4 所提供的电气原理图，在机床的电气柜中正确连接主回路。

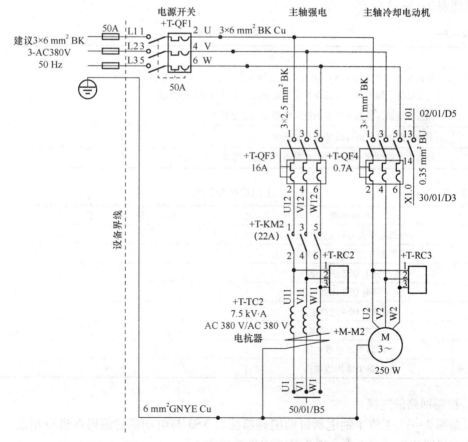

图 2—3—3 主轴驱动器主回路电气原理图

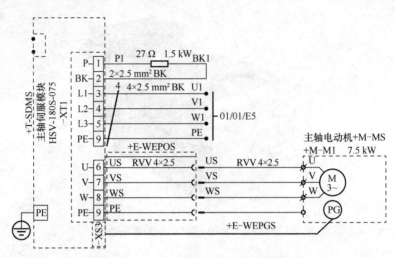

图 2—3—4　主轴驱动单元强电控制回路

（2）将主回路连接完成后，用万用表对主回路进行检查，测量回路中的相电阻和对地电阻是否正常，并将测量结果填入表 2—3—1 中。

（3）对主轴驱动器主回路进行上电，上电后检查回路中的电压是否正常，并将测量结果记录到表 2—3—2 中。

表 2—3—1　　　　　　　　　　　上电前检查记录

序号	检查事项	是否正常	备注
1	各相电源线之间的绝缘电阻及对地绝缘电阻。若中间经过断路器、交流接触器、熔断器等元器件，应手动令这些器件导通进行测量		
2	伺服变压器、控制变压器的进出线顺序（务必检查）		
3	主轴伺服电动机电源线相序是否正确		
4	检查主回路导线、电缆的规格是否符合设计要求		

表 2—3—2　　　　　　　　　　　上电后检查记录

序号	检查事项	测量数值（V）	备注
1	电源总开关 QF1 进线电压		
	电源总开关 QF1 出线电压		
2	主轴强电 QF3 进线电压		
	主轴强电 QF3 出线电压		
3	主轴强电 QF4 进线电压		
	主轴强电 QF4 出线电压		
4	变压器 TC2 进线电压		
5	变压器 TC2 出线电压		

2. 控制回路的连接

根据图 2—3—4 将主轴电动机的编码器接口 XS3 与电动机的编码器进行相连，连接完成后检查线路连接是否正常，插头是否有松动现象。

二、参数设置

数控机床主轴驱动器硬件连接完成后，根据所使用的电动机以及电动机编码器的型号和规格在数控系统中完成表2—3—3中主轴相关参数的设定。

表2—3—3　　　　　　　　　　　　　主轴相关参数的设定

参数号	参数名称	参数含义
#105001	轴类型	10：主轴
#105004	电子齿轮比分子（位移）	电动机每转一圈机床移动的距离。对于有C/S轴切换的主轴，如电动机转一圈为360°，此值设定为360 000
#105005	电子齿轮比分母（脉冲）	电动机每转一圈所需脉冲指令数。如为4096线的电动机此参数则设定为4096
#105067	轴每转脉冲数	电动机每转一圈所需脉冲指令数。如为4096线的电动机此参数则设定为4096

三、主轴定向的调试

1. 主轴定向涉及参数

（1）PA-44：主轴定向方式时的位置比例增益（单位：0.1 Hz）

1）设置定向方式下位置调节器的比例增益；

2）设置值越大，增益越高，定向保持时主轴刚度越强；

3）主轴在定向状态不产生抖动的条件下，尽量设定较大的值。

（2）PA-38：主轴定向速度（单位：1 r/min）

设置主轴定向时主轴电动机的速度。

（3）PA-39：主轴定向位置［单位：Pulse（脉冲）］

1）设置主轴的定向位置，电动机或主轴每转脉数对应360°。

2）设置值是以电动机编码器或主轴编码器的零脉冲位置作为参考的。

（4）PA-13：主轴与电动机传动比分子

（5）PA-14：主轴与电动机传动比分母

设置主轴与电动机传动比。

例：在运行时，如果主轴每转3圈，主轴电动机转5圈，则PA-13=3，PA-14=5；如果主轴每转5圈，主轴电动机转3圈，则PA-13=5，PA-14=3。

（6）PA-47：主轴编码器分辨率［单位：Pulse（脉冲）］

1）设置主轴编码器分辨率4倍频。

2）PA-47=主轴编码器分辨率×4，如果主轴编码器分辨率=1 200，则PA-47=1 200×4=4 800。如果未使用主轴编码器则设置为4 096。

2. 主轴定向调试注意事项

（1）正确设置主轴与电动机传动比，否则有可能造成转速太快。

（2）正确设置电动机的定向位置，否则会对刀柄造成损坏。

【任务链接】

一、主轴伺服驱动器型号与接口

华中伺服驱动器的规格如图2—3—5所示。

目前华中 HSV-180S 伺服主轴驱动器主要有 025、035、050、075 几个系列，不同规格的伺服驱动器的功率、输出电流、最大电流等都各不相同（见表 2—3—4），应根据所使用的伺服主轴电动机的型号来正确地选择所需要的主轴伺服驱动器。

图 2—3—5　主轴驱动单元规格型号说明

表 2—3—4　　　　　　　　　　　主轴伺服驱动单元规格型号

规格	连续电流（A）	短时最大电流（A）	适配最大电动机功率（kW）
HSV-180S-025	10	15	2.2
HSV-180S-035	14	21	3.7
HSV-180S-050	20	30	5.5
HSV-180S-075	28	43	7.5

华中主轴伺服驱动器接口如图 2—3—6 所示。

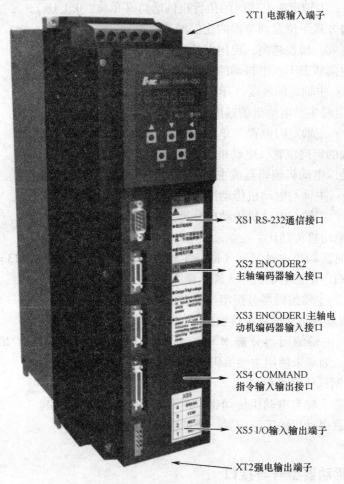

图 2—3—6　华中 HSV-180S 伺服驱动器接口

二、主轴伺服驱动器线路连接

1. 主轴伺服驱动器主回路端子构成

主轴伺服驱动器主回路的端子主要分布在驱动器上端的 XT1、XT2 端子排上，端子接口如图 2—3—7 所示。

主回路接线端子功能说明见表 2—3—5。

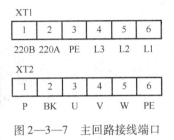

图 2—3—7　主回路接线端口

表 2—3—5　　　　　　　　　　　主轴伺服驱动器主回路端子功能

端子记号	信号名称	功能
L1	主回路电源 三相输入端子	主回路电源输入端子，三相 AC 380 V/50 Hz
L2		进线端子禁止与出线端子 U、V、W 连接
L3		
PE	接地端子	接地端子，接地电阻 <4 Ω
220A	保留	
220B		
P	外接制动电阻 接线端子	主轴伺服驱动单元如果使用内置制动电阻，则 P 端与 BK 端悬空，不能作任何连接，切记不能短接
BK		
U	伺服驱动单元 三相输出端子	必须与电动机的 U、V、W 对应
V		
W		
PE	接地端子	
⏚	接地端子	

2. 主回路电源输入的连接

在三相交流电源和主轴驱动器 XT1 的输入端 L1、L2、L3 之间必须接入断路器、电磁接触器、输入交流电抗器、滤波器等元器件，以保障主回路正常使用。主轴驱动器主回路连接实物图如图 2—3—8 所示。

（1）接线用断路器：在电源主回路中必须进行连接，在电路中主要起到当主轴驱动单元过电流或短路时能够切断进线电源。

（2）电磁接触器：可在顺序控制中切断主回路的电源。

（3）输入交流电抗器：安装在主回路中能够有效抑制输入电源的浪涌，避免损坏驱动器内部驱动单元整流部分电器元件；同时消除由于电源相间不平衡而引起的电流不平衡。

（4）输入滤波器：能够有效降低从电源线耦合到驱动单元的高频干扰噪声，抑制从驱动单元反馈到电源的噪声。

主轴驱动器主回路接线图如图 2—3—9 所示。

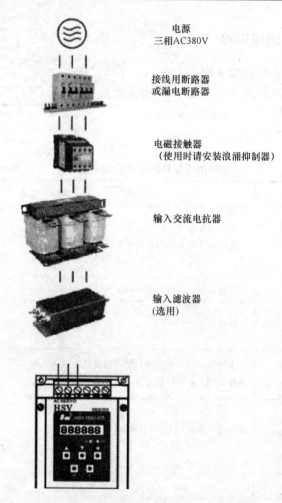

电源
三相AC380V

接线用断路器
或漏电断路器

电磁接触器
（使用时请安装浪涌抑制器）

输入交流电抗器

输入滤波器
（选用）

图 2—3—8　主轴驱动器主回路连接实物图

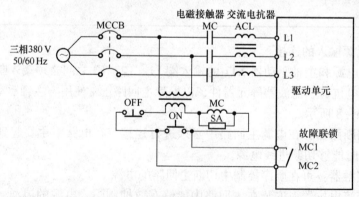

图 2—3—9　主轴驱动器主回路接线图

3. 主回路输出侧线路连接

（1）电动机连接

驱动单元的电动机输出端 U、V、W 三相，要按照正确的顺序连接到主轴伺服电动机的三相进线端。

（2）制动电阻连接

主轴伺服驱动器内部已经内置 70 Ω/500 W 的制动电阻，最大允许 5 倍的过载量，当负载或惯量较大时，需要外接制动电阻。使用外接制动电阻时，需要将制动电阻连接到 XT2 的 P 端与 BK 端。外接制动电阻的推荐值见表 2—3—6，制动电阻的接法如图 2—3—10 所示。

表 2—3—6　　　　　　　　　　　　外接制动电阻推荐值

规格	最大制动电流（A）	外接制动电阻
HSV-180S-025	10	只能使用内置电阻
HSV-180S-035	20	阻值：68 Ω，功率：≥500 W
HSV-180S-050	25	阻值：68 Ω，功率：≥600 W
		阻值：56 Ω，功率：≥1 000 W
HSV-180S-075	40	阻值：30 Ω，功率：≥1 200 W
		阻值：27 Ω，功率：≥1 500 W

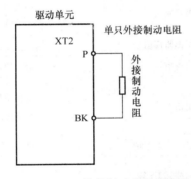

图 2—3—10　外接制动电阻接线图

（3）接地线连接

将主轴驱动器的 PE 端与机床电气柜中的地线相接。

4. 控制信号的连接

（1）COMMAND 指令输入输出接口 XS4（见表 2—3—7）

表 2—3—7　　　　　　　　　　**COMMAND 指令输入输出接口 XS4 功能描述**

端子号	端子记号	信号名称	功能
1	EN	主轴使能	主轴使能端子输入 EN ON：允许驱动单元工作 EN OFF：驱动单元关闭，停止工作，此时电动机处于自由状态
2	ALM_RST	报警清除	报警清除输入端子
3	FWD	主轴正转	主轴正转开关输入端子
4	REW	主轴反转	主轴反转开关输入端子

端子号	端子记号	信号名称	功能		
5	INC_Sel1	分度增量定向角度倍率选择输入端子	INC_Sel1	INC_Sel2	倍率
			ON	ON	4
			OFF	ON	3
			ON	OFF	2
6	INC_Sel2		OFF	OFF	1
7	ZSP	零速到达输出	当实际速度值达到设定的零速范围时，零速到达输出 ON		
8	READY	主轴准备好输出	READY ON：主电源正常，驱动单元没有报警，主轴准备好输出 ON READY OFF：驱动单元有报警，主轴准备好输出 OFF		
9	ALM	主轴报警输出	ALM ON：主轴驱动单元有报警 ALM OFF：主轴驱动单元无报警		
10	SM	速度反馈监视信号	速度反馈模拟量输出		
11	IM	电流监视信号	电流模拟量输出		
12	AN +	模拟量输入端	速度模拟量输入指令 输入电压范围：DC - 10 ~ + 10 V 或 0 ~ + 10 V		
13	AN -	模拟量输入参考端	速度模拟量输入参考端		
14	CP +	指令脉冲 PLUS 输入	外部指令脉冲输入端		
15	CP -				
16	DIR +	指令脉冲 SIGN 输入			
17	DIR -				
32	A +	主轴电动机光电编码器 A + 输出 主轴编码器 A + 输出	A 相脉冲监视输出		
33	A -	主轴电动机光电编码器 A - 输出 主轴编码器 A - 输出			
18	B +	主轴电动机光电编码器 B + 输出 主轴编码器 B + 输出	B 相脉冲监视输出		
36	B -	主轴电动机光电编码器 B - 输出 主轴编码器 B - 输出			
35	Z +	主轴电动机光电编码器 Z + 输出 主轴编码器 Z + 输出	Z 相脉冲监视输出		
34	Z -	主轴电动机光电编码器 Z - 输出 主轴编码器 Z - 输出			

续表

端子号	端子记号	信号名称	功能
31	ZPLS_OUT	Z脉冲集电极开路输出	Z脉冲集电极开路输出端
26	Mode_SW	控制方式切换开关输入/分度增量定向输入端	
25	ORN	主轴定向开始输入	ORN ON：主轴定向开始 ORN OFF：主轴定向取消
29	GET	速度到达输出	当速度偏差到或小于设定的速度偏差范围时，速度到达输出 ON
30	ORN_FIN	主轴定向完成输出	在主轴定向时，当主轴实际位置与设定的主轴定向位置偏差等于或小于设定的主轴定向完成范围时，ORN_FIN 为 ON；相反，则为 ORN_FIN 为 OFF
27、28	GNDAM	模拟量信号地	模拟量信号地端
23、24	GNDDM	数字信号地	数字信号地端
21、22	Z	Z脉冲输出	
19、20	COM	公共端	XS4 开关量输入输出公共端 注意：COM 信号必须与 XS4 开关量输入输出外部 DC 24V 电源的地信号连在一起，否则主轴驱动单元不能正常使用

（2）I/O 输入输出接口 XS5（见表 2—3—8）

表 2—3—8　　　　　　　I/O 输入输出接口 XS5 功能描述

端子号	端子记号	信号名称	功能
1	MC1	联锁故障	故障联锁输出端 继电器常开输出，主轴驱动单元工作正常时继电器闭合，主轴驱动单元故障时继电器断开
2	MC2		
3	COM		保留
4	BREAK		保留

（3）编码器信号端子连接

1）主轴电动机编码器输入接口 XS3。主轴电动机编码器输入接口 XS3 功能描述见表 2—3—9。

表 2—3—9　　　　　　　主轴电动机编码器输入接口 XS3 功能描述

端子号	端子记号	信号名称	功能
1	A +	主轴电动机光电编码器反馈 A + 输入	主轴电动机光电编码器 A + 相连接
2	A −	主轴电动机光电编码器反馈 A − 输入	主轴电动机光电编码器 A − 相连接
3	B +	主轴电动机光电编码器反馈 B + 输入	主轴电动机光电编码器 B + 相连接

端子号	端子记号	信号名称	功能
4	B –	主轴电动机光电编码器反馈 B – 输入	主轴电动机光电编码器 B – 相连接
7	Z +	主轴电动机光电编码器反馈 Z + 输入	主轴电动机光电编码器 Z + 相连接
8	Z –	主轴电动机光电编码器反馈 Z – 输入	主轴电动机光电编码器 Z – 相连接
13	OH1	电动机过热	电动机过热输入端
26	OH2		连接电动机过热检测传感器
16、17、18、19	+5 V_ENC	主轴电动机光电编码器 DC +5 V 电源输出端	主轴电动机光电编码器用 DC +5 V 电源
23、24、25	GNDPG	主轴电动机光电编码器 DC +5 V 电源地	
20、21、22	+5 V_MI	主轴电动机光电编码器 DC +5 V 反馈输入端	主轴驱动单元可根据编码器电源反馈自动进行电压补偿
14、15	PE	与电动机外壳连接	屏蔽地

2）主轴编码器输入接口 XS2。主轴编码器输入接口 XS2 功能描述见表 2—3—10。

表 2—3—10　　　　　　　　主轴编码器输入接口 XS2 功能描述

端子号	端子记号	信号名称	功能
19、20	+5VPI	主轴编码器 +5 V 电源反馈	主轴驱动单元可根据编码器电源反馈自动进行电压补偿
7、8	+5VPO	主轴编码器 +5 V 电源输出	主轴电动机光电编码器用 +5 V 电源
9、10	GNDPP	主轴编码器 +5 V 电源地	
1、2	PA –	主轴编码器位置反馈 A – 输入	与主轴编码器 A – 相连接
11、12	PA +	主轴编码器位置反馈 A + 输入	与主轴编码器 A + 相连接
3、4	PB –	主轴编码器位置反馈 B – 输入	与主轴编码器 B – 相连接
13、14	PB +	主轴编码器位置反馈 B + 输入	与主轴编码器 B + 相连接
5、6	PZ –	主轴编码器位置反馈 Z – 输入	与主轴编码器 Z – 相连接
15、16	PZ +	主轴编码器位置反馈 Z + 输入	与主轴编码器 Z + 相连接
17、18	PE	屏蔽地	与外壳相接

（4）通信接口

主轴伺服驱动器的通信接口为 XS1，XS1 的接口功能说明见表 2—3—11。

表 2—3—11　　　　　　　　XS1 通信接口功能说明

端子号	端子记号	信号名称	功能
2	TX	RS-232 数据发送	与控制器或上位机 RS-232 串口数据接收（RX）连接，以实现串口通信

续表

端子号	端子记号	信号名称	功能
3	RX	RS-232 数据接收	与控制器或上位机 RS-232 串口数据发送（TX）连接，以实现串口通信
1、5	GNDD	信号地	数据信号地
4	CANL	保留	
6	CANH	保留	

任务四　数控机床辅助系统的连接与调试

【任务导入】

1. 能够正确识读数控机床辅助系统的电气原理图。

2. 能够根据数控机床辅助系统的电气原理图进行线路连接。

3. 能够对数控机床辅助系统进行调试与维修。

【任务描述】

数控机床的辅助控制系统在数控机床中起着重要的作用，在数控机床的加工过程中能够辅助数控机床完成零件的加工。机床辅助控制系统主要包括冷却装置、排屑装置、分度装置等，其中冷却装置在机床的零件加工过程中尤为重要。在零件加工过程中，根据零件材料的不同、刀具的不同以及加工内容的不同会经常使用冷却装置（见图2—4—1），以保持良好的加工性能，提高零件的加工质量。

图2—4—1　数控机床冷却

1. 设备、工具准备

BV75型加工中心、十字旋具、一字旋具、压线钳、剥线钳、斜口钳、导线、压线端子、万用表、线号机、线号管等。

2. 资料准备

BV75型加工中心电气原理图、三相异步电动机说明书等。

硬件连接

1. 根据图 2—4—2 完成冷却系统主回路的连接，连接完成后认真检查电路连接是否正常，并将检查情况记录到表 2—4—1 中。

表 2—4—1　　　　　　　　　　　　主回路上电前检查

序号	检查事项	是否正常	备注
1	各相电源线之间的绝缘电阻及对地绝缘电阻。若中间经过断路器、交流接触器、熔断器等元器件，应手动令这些器件导通进行测量		
2	伺服变压器、控制变压器的进出线顺序（务必检查）		
3	冷却泵电动机进线相序是否正确		
4	各回路导线、电缆的规格是否符合设计要求		

2. 根据图 2—4—3 完成冷却系统控制回路的连接，连接完成后认真检查电路连接是否正常，并将检查情况记录到表 2—4—2 中。

表 2—4—2　　　　　　　　　　　　控制回路上电前检查

序号	检查事项	是否正常	备注
1	变压器进出线是否正常		
2	开关电源进出线是否正常		
3	中间继电器线圈、触点是否正常		
4	接触器线圈、触点是否正常，手动令触点闭合进行检查		

3. 冷却泵主回路、控制回路检查完成后，对冷却系统逐一进行上电后检查，并将检查结果记录到表 2—4—3 中。

表 2—4—3　　　　　　　　　　　　上电后检查

序号	检查事项	测量数值	备注
1	QF1 进线电压		
	QF1 出线电压		
2	QF5 进线电压		
	QF5 出线电压		
3	变压器 TC4 进线电压		
	变压器 TC4 出线电压		
4	开关电源 VC1 进线电压		
	开关电源 VC1 出线电压		

4. 按下机床操作面板上的冷却按键，观察冷却电动机是否正常，同时观察冷却电动机旋向是否正确，如果不正确将冷却电动机的三相电源互换两相。

【任务链接】

数控机床的冷却系统在零件的加工过程中起着冷却加工零件，降低切削温度的作用。冷却系统在机床中主要通过按下机床操作面板的冷却按键或在 MDI 方式下使用指令进行冷却，因而对冷却系统的电动机要求不是十分严格，所以一般数控机床冷却系统的电动机为三相异步电动机。

冷却系统的主回路电气原理如图 2—4—2 所示，冷却电动机的控制回路电气原理如图 2—4—3 所示。

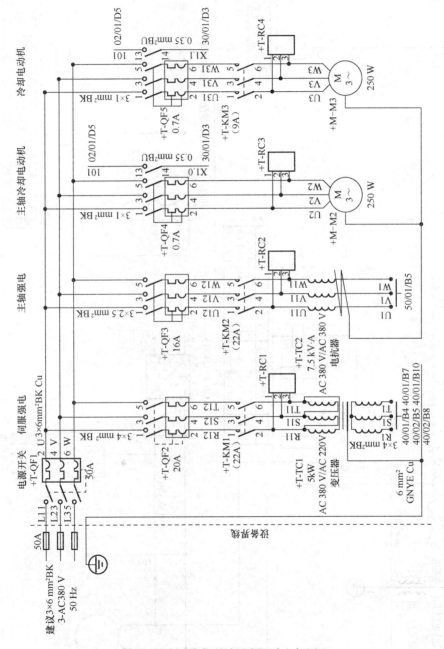

图 2—4—2 冷却电动机主回路电气原理

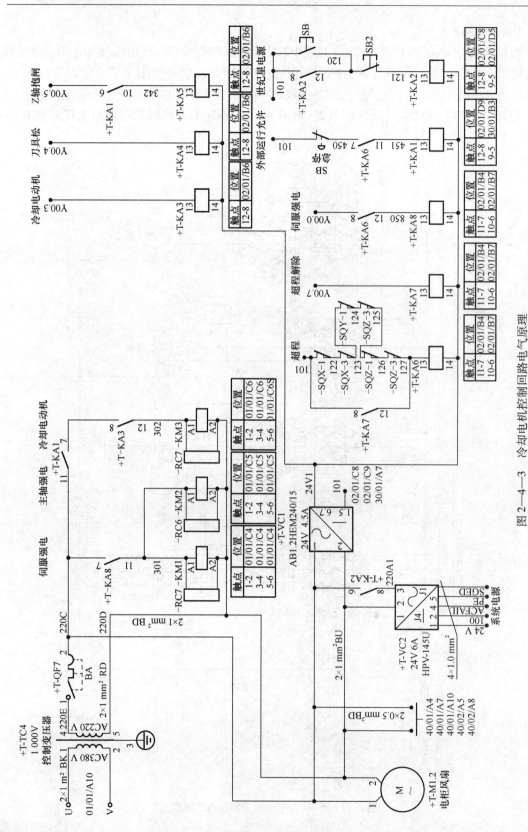

图 2—4—3 冷却电机控制回路电气原理

　　主回路电气原理分析：电器柜中的三相四线制电源 L1、L2、L3、PE 通过电源开关 QF1 后变为 U、V、W 三相电，U、V、W 经过断路器 QF5 常开端子变为 U31、V31、W31，断路器 QF5 三相电经接触器 KM3 的常开触点变为 U3、V3、W3 后连接到冷却泵电动机上。

　　控制回路电气原理分析：冷却泵电动机的控制回路主要通过中间继电器 KA3 和交流接触器 KM3 来进行控制，当 PMC 中 Y0.3 得电后，中间继电器的 KA3 线圈就会通一 DC 24 V 直流电，使线圈得电；KA3 线圈得电后，其相应的辅助常开触点 KA3 闭合，触点闭合后使交流接触器的线圈 KM3 得电，线圈得电后相应的 KM3 的三个辅助常开触点闭合使三相交流电进入三相异步电动机中，从而使冷却泵工作。

与调试各项工作是非常重要的。

模块三

数控机床整体调试技术

【知识点】

1. 掌握数控机床参数设定与修改。

2. 掌握数控机床精度检查。

3. 掌握数控机床反向间隙与螺距误差检测及补偿。

4. 掌握数控机床工作精度检测。

5. 掌握数控机床数据备份与恢复。

【技能点】

1. 会对数控系统的参数进行设定与修改。

2. 能够对数控机床的数据进行备份与恢复。

3. 能够对机床的精度进行检测与补偿。

任务一 数控机床的机电联调技术

【任务导入】

1. 能够对数控机床的参数进行设定。

2. 能够根据电气原理图连接数控机床电气系统。

3. 能够对电气系统进行调试与维修。

【任务描述】

数控机床的参数在数控机床的使用和维护过程中起着非常重要的作用，了解和掌握数控机床参数的含义以及参数的修改对于数控机床维修人员或数控机床调试人员都有很大的帮助。

数控机床的参数是数控机床的重要组成部分，数控机床的参数繁多，有的数控系统少则几千个多则上万个参数，每一个参数都有其具体的含义，在维修与调试过程中正确理解参数的含义并能够正确使用，能够大大提高加工效率，延长机床使用寿命。

华中 808 数控系统参数界面如图 3—1—1 所示。

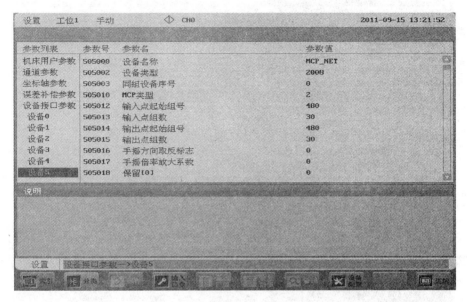

图 3—1—1　华中 808 数控系统参数界面

1. 设备、工具准备

BV75 型加工中心。

2. 资料准备

BV75 型加工中心电气原理图、华中 808 数控系统使用说明书、华中 HSV-160U 交流伺服驱动说明书、华中 808 数控系统参数说明书、BV75 型加工中心使用说明书等。

【任务实施】

一、参数的显示及修改

1. 分类查看各项参数

（1）在数控机床操作界面中选择"设置"→"参数"→"NC 参数"，即可进入系统参数界面，如图 3—1—2 所示。

（2）通过使用操作面板上的 ▲、▼ 箭头按键可以在左侧参数列表中选择参数的类型，参数的类型主要包括如图 3—1—2 所示的 NC 参数、机床用户参数、通道参数、坐标轴参数、误差补偿参数、设备接口参数、数据表参数等。

（3）使用操作面板上的 ▶箭头，可以查看本项目下参数的内容以及参数的设定值。

2. 查找参数

（1）按机床操作面板的"设置"进入参数界面，在参数列表界面中按 F2（显示参数）键进入显示参数界面（见图 3—1—3），在此界面中按 F1（索引）键，然后按"查找"键，在显示参数界面的缓冲区域中输入 00001 号参数，然后按"确定"键，光标会停留在 00001 号参数上面（见图 3—1—4）。

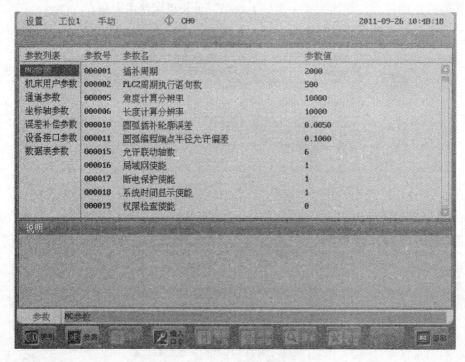

图 3—1—2 华中 808 系统参数界面

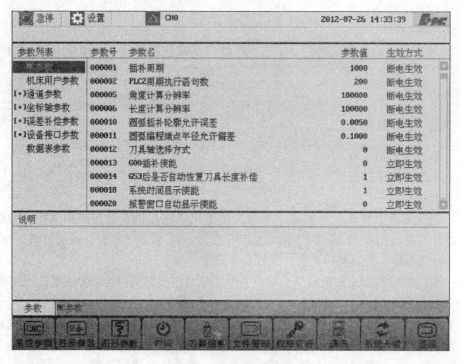

图 3—1—3 参数设置界面

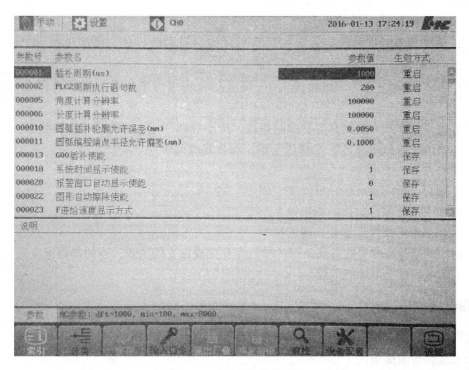

图 3—1—4 参数索引界面

（2）在参数列表中，通过▲和▼按键可以查找相关的参数，如图 3—1—5 所示。

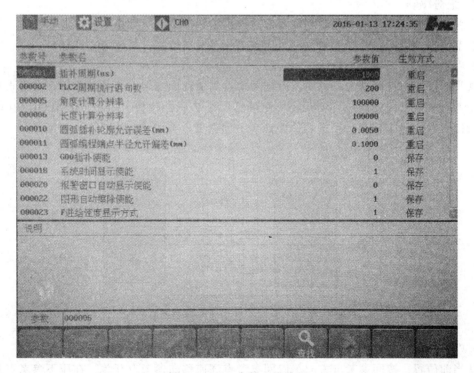

图 3—1—5 参数查找界面

3. 编辑参数

（1）编辑参数时需要设置正确的口令后才能进行参数设置，操作步骤为"设置"→"参数"→"系统参数"→"输入口令"。

（2）输入正确的口令，然后按 Enter 键（口令可以与华中数控股份有限公司联系取得）。

（3）按查找参数方法找到要修改的参数，按"确认"键，参数进入编辑状态。

（4）修改完参数后，再按"确认"键，参数修改完毕。

4. 保存参数

（1）用户编辑完参数后，可以按"保存"键。

（2）如果需要保存参数，则选择 Y。

（3）如果不需要保存参数，则选择 N。

注意：根据参数的生效方式，有的参数保存完成后立即生效，有的参数保存完成后，需要将系统断电后再上电才能生效。

二、回参考点设置

数控机床只有正确回参考点后才能进行零件的正常加工。而与参考点相关参数的正确设定是回参考点的前提条件。

与参考点设定相关的参数主要有以下几个。

1. 10X010（其中 X 代表具体轴号）：回参考点模式

0：绝对编码

当编码器通电时就可立即得到位置值并提供给数控系统。数控系统电源切断时，机床当前位置不丢失，因此，系统无须移动机床轴去找参考点位置，机床可立即运行。

2. "+ -"

从当前位置，按回参考点方向，以回参考点高速移向参考点开关，在压下参考点开关后以回参考点低速反向移动，直到系统检测到第一个 Z 脉冲位置，再按 Parm100013（回参考点后的偏移量）设定值继续移动一定距离后，回参考点完成，如图 3—1—6 所示。

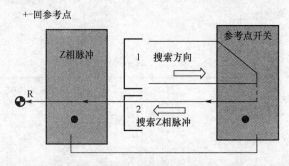

图 3—1—6   " + - "方式回参考点示意图

3. " + - +"

从当前位置，按回参考点方向，以回参考点高速移向参考点开关，在压下参考点开关后反向移动离开参考点开关，然后再次反向以回参考点低速搜索 Z 脉冲，直到系统检测到第一个 Z 脉冲位置，再按 Parm100013（回参考点后的偏移量）设定值继续移动一定距离后，回参考点完成，如图 3—1—7 所示。

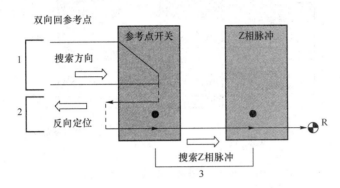

图 3—1—7 "＋－＋"方式回参考点示意图

当机床设定的回参考点的方式为"＋－"或"＋－＋"方式时，还需要进行以下几个参数的设定。

（1）10X011（其中 X 代表具体轴号）

回参考点方向，用于设置发出回参考点指令后，坐标轴搜索参考点的初始移动方向，如图 3—1—8 所示。

－1：负方向；

1：正方向；

0：用于距离码回零。

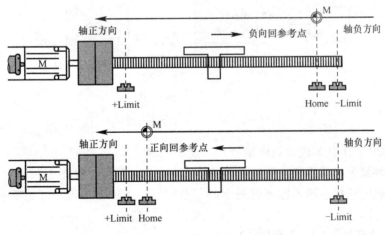

图 3—1—8 回参考点方向示意图

（2）10X013（其中 X 代表具体轴号）

回参考点后的偏移量。回参考点时，系统检测到 Z 脉冲后，可能不作为参考点，而是继续走过一个参考点偏差值（见图 3—1—9），才将其坐标设置为参考点。缺省设置为 0。

通常此参数为 1/4 螺距。

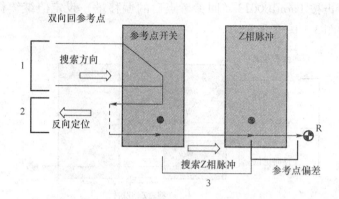

图 3—1—9　回参考点偏移量示意图

（3）10X015（其中 X 代表具体轴号）

回参考点时，在压下参考点开关前的快速移动速度为回参考点高速（见图 3—1—10）。

（4）10X016（其中 X 代表具体轴号）

回参考点时，在压下参考点开关后的减速定位移动速度为回参考点低速（见图 3—1—10）。

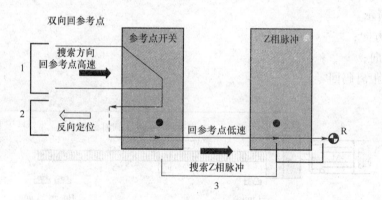

图 3—1—10　回参考点速度设定

（5）10X020（其中 X 代表具体轴号）

搜索 Z 脉冲最大移动距离，此参数必须小于一个丝杠导程（见图 3—1—11）。也就是说在一个丝杠导程内还找不到 Z 脉冲就表示回零有问题，系统会报警。可调整前面的 Z 脉冲屏蔽角度。

4. 距离码回零方式 1 与回零方式 2

当 CNC 配备带距离编码光栅尺时，机床只需要移动很短的距离即能找到参考点，建立坐标系。距离码回零方式 1 是当光栅尺反馈与回零方向相同时填 4。

距离码回零方式 2 是当光栅尺反馈与回零方向相反时填 5。

当回参考点方式为距离码回零方式 1 或距离码回零方式 2 时，需要设置以下参数。

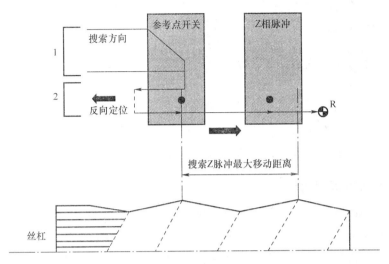

图 3—1—11　搜索 Z 脉冲最大移动距离

（1）10X018（其中 X 代表具体轴号）：距离码参考点间距，表示带距离编码参考点的增量式测量系统相邻参考点标记间隔距离，如图 3—1—12 所示。

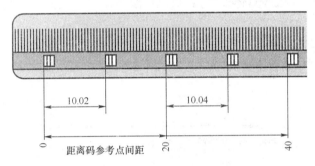

图 3—1—12　距离码参考点间距示意图

（2）10X019（其中 X 代表具体轴号）：间距编码偏差，表示带距离编码参考点的增量式测量系统参考点标记变化间隔。如图 3—1—13 所示，偏差为 10.4 - 10.2 = 0.2。

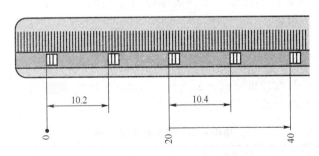

图 3—1—13　间距编码偏差示意图

例如，机床为 CKA6150 配置华中 808 数控系统，有关参考点的参数设置如下：

100010（回参考点方式）：0；

100011（回参考点方向）：1；

100013（回参考点后的偏移量）：0；

100015（回参考点高速）：500；

100016（回参考点低速）：100；

100017（参考点坐标值）：0；

100020（搜索 Z 脉冲最大移动距离）：10。

三、数控机床软限位设置

数控机床在使用过程中为了避免工作台冲出机床导轨或滚珠丝杠螺母超出丝杠的行程，一般会通过参数来限制机床的实际工作行程。行程的限制又可以分为软限位和硬限位，软限位主要是指超过了机床设定的限位参数（见图 3—1—14），硬限位是指超过了机床工作台上的限位开关，两种限位方式都对机床起到了很好的保护作用。

数控机床软限位设置参数如下：

1. 10X006（其中 X 代表具体轴号）：正软极限坐标。

2. 10X007（其中 X 代表具体轴号）：负软极限坐标。

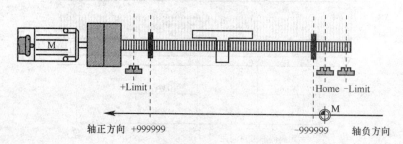

图 3—1—14　机床软限位示意图

注意事项：

1. 正负软限位只有在机床回参考点后才会有效。

2. 根据机床机械行程大小和加工工件大小设置适当的参数值。如设置过小，可能导致加工过程中出现软限位报警。

【任务链接】

1. 华中参数的分类

华中 8 型数控系统对数控机床的参数进行了详细的划分，能够极大地方便用户快速地查找相关参数。华中 8 型数控系统参数分类见表 3—1—1。

表 3—1—1　　　　　　　　　　华中 8 型数控系统参数分类

参数类别	ID 分配	说明
NC 系统参数	000000 ~ 009999	占 10 000 个 ID
机床用户参数	010000 ~ 019999	占 10 000 个 ID

参数类别	ID 分配	说明
通道参数	040000 ~ 099999	按通道划分，每个通道占 1 000 个 ID
坐标轴参数	100000 ~ 199999	按轴划分，每个轴占 1 000 个 ID
误差补偿参数	300000 ~ 399999	按轴划分，每个轴占 1 000 个 ID
设备接口参数	500000 ~ 599999	按设备划分，每个设备占 1 000 个 ID
数据表参数	700000 ~ 799999	占 100 000 个 ID

2. 华中参数的类型

数控机床不同的参数拥有不同的参数类型，华中 8 型数控系统参数主要分为 6 类，见表 3—1—2。

表 3—1—2 华中 8 型数控系统参数类型

类型	说明
整型（INT4）	参数设定值只能为整数
布尔型（BOOL）	参数设定值只能为 0 或 1
实数型（REAL）	参数可以为整数，也可以为小数
字符串型（STRING）	参数为 1 ~ 7 个字符的字符串
十六进制整型（HEX4）	参数值为十六进制数
整型数组（ARRAY）	参数为数组形式

3. 华中参数生效方式

数控系统的参数在修改过程中会遇到一个生效方式的问题，华中数控系统参数的生效方式主要有以下几种：

（1）保存生效。即参数修改后需要按保存键才能生效。

（2）立即生效。参数修改后立即生效。

（3）复位生效。参数修改并保存后按复位键才能生效。

（4）重启生效。参数修改并保存后必须重启数控系统后才能生效。

任务二 数控机床几何精度检测与调整

【任务导入】

1. 掌握数控机床常见的几何精度。

2. 能够对数控机床的几何精度进行检测。

【任务描述】

数控机床的精度对机床零件加工至关重要，机床精度不达标，加工出来的零件也将会不合格。在机床使用过程中，随着周围温度、湿度以及操作者习惯的影响，机床的精度会发生很大的变化。因此，学会对数控机床的精度进行检测十分必要。

机床的精度主要包括机床的几何精度、机床的位置精度和机床的切削精度。本任务主要介绍数控机床几何精度和检测过程中使用的检具，以及几何精度检验的方法和步骤。

图3—2—1　机床精度检测

1. 设备、工具准备

BV75型加工中心、大连CKA6150数控车床、水平仪、大理石方尺、大理石平尺、大理石角度尺、百分表（带表座）、步距规、激光干涉仪等。

2. 资料准备

BV75型加工中心使用说明书、大连CKA6150数控车床使用说明书、步距规使用说明书、国家标准《精密加工中心检验条件　第2部分：立式或带垂直主回转轴的万能主轴头机床　几何精度检验（垂直Z轴）》（GB/T 20957.2—2007）、国家标准《简式数控卧式车床　精度》（JB/T 8324.1—1996）等。

【任务实施】

一、机床水平调整（以BV75型加工中心为例）

工具：条式水平仪、勾形扳手。

水平调整过程如下：

1. 用干净的棉布擦拭机床的工作台面，保持工作台面清洁。

2. 将两个条式水平仪分别放在工作台中部，两个水平仪成垂直状态，如图3—2—2所示。

3. 查看机床X轴是否水平时，应将机床的工作台移动到左端、中间、右端三个位置进行查看，

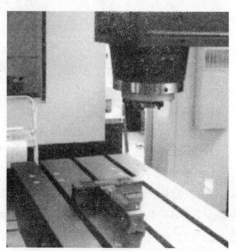

图3—2—2　条式水平仪放置

在三个位置时水平仪上的气泡都处于中间位置时说明机床已经水平；如果气泡不处于中间位置，应对机床进行调整。

4. 机床水平不平时，通过勾形扳手调整机床底部的地脚螺栓进行调整，调整时要注意每个垫铁应受力均匀，并且时刻观察水平仪的气泡位置，反复调整地脚螺栓直至达到最佳状态。

图 3—2—3　机床地脚螺栓

5. 机床调水平后，移动机床的 Y 轴工作台，检查机床是否水平，如果水平仪气泡不处于中间位置，应重新调整。

6. 检测完成后测试检具并将检具放到包装盒内，做好机床水平调整记录。

二、数控车床几何精度检验

数控车床的几何精度主要包括导轨在纵向平面内的直线度、导轨在横向平面内的平行度、主轴锥孔轴线的径向跳动、主轴轴线对溜板移动的平行度等。

1. G1：导轨调平

（1）导轨在垂直平面内的直线度

工具：水平仪

检测过程如下：

1）擦拭数控机床的导轨和水平仪的测量面。

2）将机床的工作台沿 Z 轴移动到最左端，然后向右移动一段距离，以消除机床的反向间隙。

3）将水平仪放置在刀架靠近前导轨的平面上，找平条式水平仪，使气泡处于中间位置。

4）在手摇方式下向 Z 轴正方向等距离移动机床工作台，每次以 300 mm 为单位。

5）依次记录水平仪中气泡的读数，并将读数结果记录到表 3—2—1 中。

表 3—2—1   导轨直线度气泡读数

距离（mm）	0	300	600	900	1 200	1 500	1 800
读数							

6）根据所读取的数值，在坐标系中绘制导轨误差曲线（见图 3—2—4），用作图法计算床身导轨在纵向平面内的直线度误差。

7）导轨在全长范围内的直线度误差：曲线相对其两端点连线的最大坐标值就是导轨全长的直线度误差。导轨局部误差：导轨在任意局部测量长度的两端点相对曲线两端点连线的坐标差。

下面，以表 3—2—2 中的水平仪读数为例，计算导轨在全长范围内的误差值。

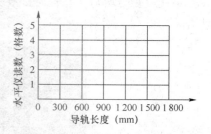

图 3—2—4   导轨直线度误差曲线

表 3—2—2   水平仪读数

横坐标	0	200	400	600	800	1 000	1 200	1 400	1 600
读数值		+1	+2.5	+1.5	+2	+1	0	−1.5	−2.5
纵坐标	0	+1	1+2.5 =3.5	3.5+1.5 =5	5+2 =7	7+1 =8	8+0 =8	8−1.5 =6.5	6.5−2.5 =4

首先，按读数作出导轨直线度误差曲线图，如图 3—2—5 所示。

在图中连接首尾两点作一直线。

然后，计算在首尾连线两侧、距离首尾连线最远的点到首尾连线的纵向距离的绝对值之和。在首尾连线下方没有点，只计算上方点的距离 5.5 格。

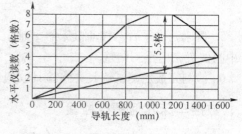

图 3—2—5   导轨直线度误差曲线图

最后，计算导轨在垂直面的直线度误差：

$$水平仪每格对应的高度差 = 水平仪精度 × 每段长度$$
$$= 0.02 ÷ 1 000 × 200$$
$$= 0.004$$
$$导轨在垂直面的直线度误差 = 0.004 × 5.5$$
$$= 0.022$$

数控车床导轨在垂直平面内的直线度会对加工质量产生影响。数控车床在车外圆时，刀具沿 Z 轴移动过程中高低位置会产生相应变化，从而影响工件素线的直线度。

（2）导轨在横向平面内的平行度

工具：水平仪

检测过程如下：

1）擦拭数控车床的工作台面和水平仪的测量面。

2）将水平仪沿 X 轴轴线放置，如图 3—2—6 所示。纵向等距离移动工作台的 Z 轴，从左移动到右，记录水平仪在每一位置的气泡读数，其读数的最大差值即为床身导轨的平行度误差。

3）测试完成后，将水平仪测量面擦拭干净，收到水平仪盒内。

图 3—2—6　导轨平行度水平仪放置

例如，检验大连机床厂 CKA6150 数控车床导轨的平行度误差。已知导轨的跨距为 350 mm，工作台每移动 250 mm 记录一次数据，记录水平仪的刻度依次为 0、+1、+2、+3，水平仪刻度值 0.02/1 000，根据记录的数值计算机床导轨的平行度。

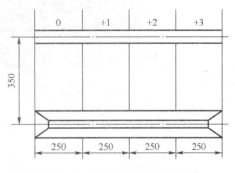

图 3—2—7　导轨平行度示意图

根据水平仪读数绘制导轨平行度示意图，如图 3—2—7 所示。

由图 3—2—7 可知，导轨平行度误差为：

$$\delta_{平} = 格数 \times 水平仪规格 \times 350$$
$$= 3 \times 0.02/1\,000 \times 350$$
$$= 0.021$$

数控车床导轨在垂直平面内的直线度会对加工质量产生影响。数控车床在车外圆时，刀具沿 Z 轴移动过程中前后会发生摆动，影响工件素线的直线度。

2. G2：溜板移动在水平面内的直线度

工具：百分表、圆柱检验棒。

检测过程如下：

1）将检验棒、主轴顶尖、套筒顶尖擦拭干净。

2）将主轴顶尖和套筒顶尖分别放在主轴和套筒中，同时将直检验棒顶在主轴和套筒顶尖上。

3）将百分表固定在溜板上，百分表水平触及检验棒母线，如图3—2—8所示。

4）在机床Z轴行程范围内移动溜板，并调整机床尾座，使百分表在行程两端的度数相等。

5）移动溜板在全行程范围内进行检测，百分表读数的最大代数差值就是直线度误差。

6）将检验棒擦拭干净并涂防护油，收到工具盒内；同时，将百分表收到百分表盒内。

图3—2—8　溜板移动在水平面内的直线度

3. G3：尾座移动对溜板移动的平行度

（1）在垂直平面内

工具：百分表。

检测过程如下：

1）将机床尾座套筒伸出，并擦拭干净，在正常状态下锁紧套筒。

2）将第一个百分表放置在尾座套筒的上母线上，第二个百分表放置在套筒的左端面上。

3）使尾座尽可能靠近溜板，把安装在溜板上的第二个百分表相对于尾座套筒的端面调整为零。

4）保持溜板的移动距离和尾座的移动距离一致（即溜板上第二个百分表的读数始终为零）。

5）在机床的全部行程内移动溜板和尾座，第一个百分表的读数即为平行度误差，如图3—2—9所示。

6）每隔300 mm的位置记录一次读数，百分表读数的最大差值即为平行度误差。

图 3—2—9 垂直平面内尾座移动对溜板移动的平行度

（2）在水平面内

工具：百分表。

检测过程如下：

1）将机床尾座套筒伸出，并擦拭干净，在正常状态下锁紧套筒。

2）将第一个百分表放置在尾座套筒的水平母线上，第二个百分表放置在套筒的左端面上，如图 3—2—10 所示。

按照在垂直平面内检测过程的第 3 步～第 6 步进行检测。

图 3—2—10 水平平面内尾座移动对溜板移动的平行度

4．G4：主轴端部的跳动

（1）主轴的轴向窜动

工具：百分表（平测头）。

1）检测过程

①擦拭主轴锥孔以及主轴检棒。

②将主轴检棒插入到主轴锥孔中，并在主轴检棒的右端中心孔中放入一钢球，百分表的平测头顶在钢球上。

③在百分表上施加一定力 F 防止钢珠掉落，旋转主轴。

④百分表读数的最大差值即为轴向窜动量。

⑤擦拭主轴检棒并将其收到检棒盒内，将百分表放到工具盒内。

2）主轴轴向窜动对零件加工的影响

①当机床进行平端面时将会影响到端面的平面度。

②当车削螺纹时将会影响到螺纹的螺距。

③当加工外圆时将会影响外圆的表面粗糙度。

（2）主轴轴肩支承面的跳动

工具：百分表（球形测头）。

1）检测过程

①擦拭主轴轴肩位置。

②将百分表测头顶在主轴轴肩支承面靠近边缘处，旋转主轴，如图 3—2—11 所示。

③在相隔 90°的四个位置上进行检测，其中的最大差值即为轴肩支承面的跳动。

④将百分表收到工具盒内。

图 3—2—11 主轴轴肩支承面的跳动

2）主轴轴肩支承面的跳动对机床的影响

①卡盘或其他工艺装备装在卡盘上会产生倾斜。

②影响被加工表面与基准面之间的相互位置精度。

③影响内外圆柱度、端面对圆柱轴线的垂直度等。

数控车床几何精度的检测项目主要包括十几项内容，其他精度检测项目以及精度标准可见表 3—2—3。

表3—2—3　简式数控卧式车床精度检验国家标准（JB/T 8324.1—1996）

序号	简图	检验项目	允差（mm）		检验工具	检验方法
G1	a	导轨调平 a. 纵向 导轨在垂直平面内的直线度	$D_a \leqslant 800$	$D_a > 800$	精密水平仪或光学仪器	参照 JB 2670 的有关条文 3.1.1、5.2.1.2.2.1 和 5.2.1.2.2.2。等距离（近似等于规定的局部测量长度）移动溜板检验 将水平仪的读数依次排列，画出导轨误差曲线，曲线相对其两端点连线就是导轨全长的直线度误差，曲线上任意局部测量长度的两端点相对曲线两端点连线的坐标差值，就是导轨的局部误差 也可将水平仪直接放在导轨上进行检验
			$D_c \leqslant 500$：0.01（凸）	0.015（凸）		
			$500 < D_c \leqslant 1000$：0.02（凸）	0.025（凸）		
			局部公差 在任意 250 测量长度上为： 0.007 5	0.01		
			$D_c > 1000$ 允差增加： 最大工件长度每增加 1 000 0.01	0.015		
			局部公差 在任意 500 测量长度上为： 0.015	0.02		
G1	b	b. 横向 导轨的平行度	0.04/1 000		精密水平仪	5.4.1.2.7 在溜板上横向放一水平仪，等距离移动溜板检验（移动距离同 a）水平仪在全部测量长度上读数的最大代数差值就是导轨的平行度误差 也可将水平仪放在专用桥板上进行检验

续表

序号	简图	检验项目	允差(mm) $D_a \leq 800$	$D_a > 800$	检验工具	检验方法
G2		溜板移动在两水平面内的直线度（尽可能在两顶尖所确定的平面内检验）	$D_c \leq 500$ 0.015 $500 < D_c \leq 1\ 000$ 0.02 $D_c > 1\ 000$ 最大工件长度每增加1 000，允差增加：0.005 最大允差 0.03	0.02 0.025 0.05	a. 指示器和检验棒或指示器和平尺（仅适用于 D_c 小于2 000 mm 或等于2 000 mm） b. 钢丝和显微镜或光学仪器	参照 JB 2670 的有关条文 a. 5.2.3.2.3、5.2.3.2.1 和 5.2.1.2.3 b. 5.2.1.2.3 和 5.2.3.2.3 a. 用指示器和检验棒检验，将指示器固定在溜板面上，调整尾座，使其测头触及主轴和尾座顶尖间的检验棒面上，使指示器在检验棒在全部行程上检验。指示器读数的最大代数差值就是直线度误差。 b. 用钢丝和显微镜检验。在机床中心高的位置上绷紧一根钢丝，显微镜固定在溜板上，调整钢丝，使显微镜在钢丝两端的读数相等。等距离（移动溜板同 G1）移动溜板，在全部行程上检验显微镜读数的最大代数差值就是直线度误差
G3	 L=常数	尾座移动双溜板移动的平行度 a. 在垂直平面内 b. 在水平面内	$D_c \leq 1\ 500$ a 和 b：0.03 局部公差 在任意500测量长度上为：0.02	$D_c > 1\ 500$ a 和 b：0.04 局部公差 在任意500测量长度上为：0.03	指示器	5.4.2.2.5 将指示器固定在溜板上，使其测头顶尖及近尾座体端面的顶尖平面内： a. 在垂直平面内 b. 在水平面内 锁紧顶尖套，使尾座与溜板一起移动，在溜板全部行程上将误差分别计算，指示器在任意行程上的最大差值是局部平行度误差 a. b 的误差分别计算，指示器在任意500 mm 行程上和全部行程上的最大差值是局部长度和全长上的平行度误差

续表

序号	简图	检验项目	允差（mm） Da≤800	允差（mm） Da>800	检验工具	检验方法 参照 JB 2670 的有关条文
G4		主轴端部的跳动 a. 主轴的轴向窜动 b. 主轴轴肩支承面的跳动	a. 0.01 b. 0.02 （包括轴向窜动）	a. 0.015 b. 0.02	指示器和专用检具	5.6.2, 5.6.2.1.2, 5.6.2.2, 5.6.2.2 和 5.6.3.2 固定指示器，使其测头触及插入主轴锥孔的检验棒端部的钢球上。 a. 主轴轴肩支承面上 沿主轴轴线加一力 F[1]，旋转主轴检验 a、b 误差分别计算。指示器读数的最大差值就是轴向窜动误差和轴肩支承面的跳动误差
G5		主轴定心轴颈的径向跳动	0.01	0.015	指示器	5.6.1.2.2 和 5.6.2.1.2 固定指示器，使其测头及垂直轴线加上轴向触力 F（包括圆锥轴颈）的表面。沿主轴测头及垂直轴线加一力 F，旋转主轴检验。指示器读数的最大差值就是径向跳动误差
G6		主轴锥孔轴线的径向跳动 靠近主轴端部 a. 距主轴端面 L 处（L 等于 Da/2 或不超过 300 mm，对于 Da>800 mm 的车床，测量长度应增加至 500 mm）	a. 0.01 b. 在300测量长度上为：0.02	a. 0.015 b. 在500测量长度上为：0.05	指示器和检验棒	5.6.1.2.3 将检验棒插入主轴锥孔内，固定指示器，固定指示器，测头及检验棒插入主轴锥孔及检验棒的表面： a. 靠近主轴端面 b. 距主轴端面 Da/2 处 旋转主轴检验 拔出检验棒，相对主轴旋转90°，重新插入主轴锥孔中依次检验三次。 a、b 的误差分别计算，四次测量结果的平均值就是径向跳动误差

续表

序号	简图	检验项目	允差 (mm) $D_a \leq 800$	允差 (mm) $D_a > 800$	检验工具	检验方法 参照 JB 2670 的有关条文
G7		主轴轴线对溜板移动的平行度 a. 在垂直平面内 b. 在水平面内 为 (测量长度为 $D_a/2$ 或不超过 300 mm, 对于 $D_a > 800$ mm 的车床, 测量长度应增加至 500 mm)	a. 在 300 测量长度上 为: 0.02; b. 在 300 测量长度上 为 0.015 (只许向前偏)	a. 在 500 测量长度上 为: 0.04; b. 在 500 测量长度上 为: 0.03 (只许向前偏)	指标器和检验棒	5.4.1.2.1, 5.4.2.2.3 和 3.2.2 指示器固定在溜板上, 使其测头触及检验棒的表面: a. 在垂直平面内 b. 在水平面内 移动溜板检验一次, 再同样检验一次。两次测量结果的代数和之半, 就是平行度误差 a, b 的误差分别计算
G8		顶尖的跳动	0.015	0.02	指标器和专用顶尖	5.6.1.2.2 和 5.6.1.2 顶尖插入主轴孔内. 固定指示器, 使其测头垂直触及顶尖锥面上. 沿主轴锥线加一力 F, 旋转主轴检验. 指示器读数除以 $\cos\alpha$ (α 为锥体半角) 后, 就是顶尖跳动误差
G9		尾座筒套轴线对溜板移动的平行度 a. 在垂直平面内 b. 在水平面内	a. 在 100 测量长度上 为: 0.015 (只许向上偏); b. 在 100 测量长度上 为: 0.01 (只许向前偏)	a. 在 100 测量长度上 为: 0.02; b. 在 100 测量长度上 为: 0.015 (只许向前偏)	指示器	5.4.2.3 尾座顶尖套伸出量约为最大伸出长度的一半, 并锁紧. 将指示器固定在溜板上, 移动溜板检验. 指示器读数分别计算。a, b 的误差分别计算就是平行度误差值 简的表面: a. 在垂直平面内 b. 在水平面内

续表

序号	简图	检验项目	允差（mm）		检验工具	检验方法
			$D_a \leq 800$	$D_a > 800$		参照 JB 2670 的有关条文
G10		尾座套筒锥孔轴线对溜板移动的平行度 a. 在垂直平面内 b. 在水平面内（测量长度不超过 300 mm；对于 $D_a > 800$ mm 的车床，测量长度应增加至 500 mm）	a. 在 300 测量长度上为：0.03 b. 在 300 测量长度上为：0.03 （只许向前偏）	a. 在 500 测量长度上为：0.05 b. 在 500 测量长度上为：0.05 （只许向上偏）	指示器和检验棒	5.4.2.3 和 5.4.1.2.1 尾座的位置同 G11。顶尖套筒退入尾座孔内，并锁紧。在尾座套筒锥孔内，插入检验棒。将指示器固定在溜板上，使其测头触及检验棒表面： a. 在垂直平面内 b. 在水平面内 移动溜板检验 拔出检验棒，旋转 180°，重新插入尾座顶尖套锥孔中，重复检验一次 a，b 误差分别计算。两次测量结果的代数和之半，就是平行度误差
G11		床头和尾座两顶尖的等高度	0.04 （只许尾座高）	0.06	指示器和检验棒	5.4.2.3 和 3.2.2 在主轴与尾座顶尖间装入检验棒，将指示器固定在溜板上，使其测头在垂直平面内触及检验棒。移动溜板使检验棒在检验棒两端读数的差值，就是等高度误差。当 D_c 小于或等于 500 mm 时，尾座应紧固在床身导轨的末端。当 D_c 大于 500 mm 时，尾座紧固在 $D_c/2$ 处，但最小不小于 2 000 mm。检验时，尾座顶尖套应退入尾座孔内，并锁紧

续表

序号	简图	检验项目	允差（mm）		检验工具	检验方法
			$D_a \leqslant 800$	$D_a > 800$		参照 JB 2670 的有关条文
G12		横刀架横向移动对主轴轴线的垂直度	0.02/300 （偏差方向 α≥90°）		指示器和平盘或平尺	5.5.2.2.3 和 3.2.2 将平盘固定在主轴上，使其测头触及平盘。移动横刀架进行检验。将主轴旋转 180°再同样检验一次。两次测量结果的代数和之半，就是垂直度误差

三、加工中心几何精度检测

加工中心的几何精度主要有各轴轴线的直线度、各轴轴线运动的角度偏差、各轴的垂直度、主轴锥孔的径向跳动、主轴轴线和 Z 轴轴线间的平行度等。

1. G1：X 轴轴线运动的直线度

（1）在 ZX 垂直平面内（见图 3—2—12）

工具：等高块、平尺、百分表（带表座）。

检测过程：

1）在机床水平调平的情况下，将机床工作台擦拭干净。

2）将机床工作台移动到行程中间位置，将两个等高块放在工作台上，然后将平尺沿 X 轴线垂直放在两个等高块上。

3）将百分表吸到主轴可靠位置，并将百分表的触头垂直于平尺的上检测面，调整平尺，使百分表在平尺两端的读数相同。

4）移动 X 轴工作台，记录百分表在全部行程内的读数，百分表读数的最大差值即为 X 轴轴线运动在 ZX 平面内的直线度。

图 3—2—12　X 轴轴线运动的直线度（ZX 垂直平面内）

（2）在 XY 水平平面内（见图 3—2—13）

工具：平尺、百分表（带表座）。

检测过程：

1）在机床水平调平的情况下，将机床工作台擦拭干净。

2）将机床工作台移动到行程中间位置，将平尺沿 X 轴线水平放置在工作台上。

3）将百分表吸到主轴可靠位置，并将百分表的触头垂直于平尺的检测面，调整平尺，使百分表在平尺两端的读数相同。

4）移动 X 轴工作台，记录百分表在全部行程内的读数，百分表读数的最大差值即为 X 轴轴线运动在 XY 水平平面内的直线度。

图 3—2—13　X 轴轴线运动的直线度（XY 水平平面内）

2. G2：Y 轴轴线运动的直线度

（1）在 YZ 垂直平面内（见图 3—2—14）

工具：等高块、平尺、百分表（带表座）。

检测过程：

1）在机床水平调平的情况下，将机床工作台擦拭干净。

2）将机床工作台移动到行程中间位置，将两个等高块放在工作台上，然后将平尺沿 Y 轴轴线垂直放在两个等高块上。

3）将百分表吸到主轴可靠位置，并将百分表的触头垂直于平尺的上检测面，调整平尺，使百分表在平尺两端的读数相同。

4）移动 Y 轴工作台，记录百分表在全部行程内的读数，百分表读数的最大差值即为 Y 轴轴线运动在 YZ 平面内的直线度。

（2）在 XY 水平平面内（见图 3—2—15）

工具：平尺、百分表（带表座）。

检测过程：

1）在机床水平调平的情况下，将机床工作台擦拭干净。

图 3—2—14　Y 轴轴线运动的直线度
（YZ 垂直平面内）

2）将机床工作台移动到行程中间位置，将平尺沿 Y 轴轴线水平放置在工作台上。

3）将百分表吸到主轴可靠位置，并将百分表的触头垂直于平尺的检测面，调整平尺，使百分表在平尺两端的读数相同。

4）移动 Y 轴工作台，记录百分表在全部行程内的读数，百分表读数的最大差值即为 Y

轴轴线运动在 XY 水平面内的直线度。

图 3—2—15　Y 轴轴线运动的直线度（XY 水平平面内）

3．G3：Z 轴轴线运动的直线度

（1）在平行于 Y 轴轴线的 YZ 垂直平面内（见图 3—2—16）

工具：角尺或方尺、百分表（带表座）、等高块。

检测过程：

1）在机床水平调平的情况下，将机床工作台擦拭干净。

2）将机床工作台移动到行程中间位置，在机床工作台上放置两个等高块，并将角尺放置在等高块上。

3）将百分表可靠地吸在主轴上，调整角尺使百分表在角尺两端的读数相同。

4）上下移动 Z 轴，记录百分表在全部行程内的读数，百分表读数的最大差值即为 Z 轴轴线运动在 YZ 垂直平面内的直线度。

（2）在平行于 X 轴轴线的 ZX 垂直平面内（见图 3—2—17）

工具：角尺或方尺、百分表（带表座）、等高块。

检测过程：

1）在机床水平调平的情况下，将机床工作台擦拭干净。

2）将机床工作台移动到行程中间位置，在机床工作台上放置两个等高块，并将角尺放置在等高块上。

图 3—2—16　Z 轴轴线在平行于 Y 轴轴线的 YZ 垂直平面内的直线度

3）将百分表可靠地吸在主轴上，调整角尺使百分表在角尺两端的读数相同，使角尺的检测平面与 Z 轴轴线平行。

4）上下移动 Z 轴，记录百分表在全部行程内的读数，百分表读数的最大差值即为 Z 轴轴线运动在 YZ 垂直平面内的直线度。

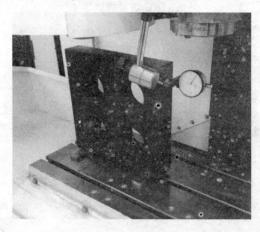

图 3—2—17 Z 轴轴线在平行于 X 轴轴线的 ZX 垂直平面内的直线度

4．G10：主轴周期性轴向窜动（见图 3—2—18）

工具：主轴检棒、钢球、千分表（平测头）。

检测过程：

1）擦拭主轴锥孔及主轴检棒。

2）将主轴检棒插入到主轴锥孔中，将钢珠抹上黄油后放入到检棒锥孔中。

3）将千分表表头顶在钢珠上，并施加一定的力 F。

4）手动旋转主轴，观察百分表的读数并进行记录，千分表读数的最大误差即为主轴的轴向窜动。

5．G11：主轴锥孔的径向跳动

（1）靠近主轴端（见图 3—2—19）

工具：主轴检棒、百分表（球形测头）。

检测过程：

1）擦拭主轴锥孔及主轴检棒。

2）将主轴检棒插入到主轴锥孔中，将百分表固定在工作台面上，让百分表表针在靠近主轴端部位置垂直于检棒母线，移动工作台并找出百分表的最大读数（保证百分表处于检棒的最高点）。

图 3—2—18 主轴周期性轴向窜动

3）手动旋转主轴，观察百分表的读数，并记录百分表读数的最大差值。

4）拔出检验棒，旋转 $90°$ 重新插入主轴锥孔中，再依次重复检验三次，取四次测量结果的算术平均数，即为靠近主轴端的径向跳动。

图 3—2—19　主轴锥孔的径向跳动（主轴端）

（2）距主轴端部 300 mm 处（见图 3—2—20）

工具：主轴检棒、百分表（球形测头）。

检测过程：

1）擦拭主轴锥孔及主轴检棒。

2）将主轴检棒插入到主轴锥孔中，将百分表固定在工作台面上，让百分表表针在靠近主轴端部 300 mm 位置垂直于检棒母线，移动工作台并找出百分表的最大读数（保证百分表处于检棒的最高点）。

3）手动旋转主轴，观察百分表的读数，并记录百分表读数的最大差值。

4）拨出检验棒，旋转 90°重新插入主轴锥孔中，再依次重复检验三次，取四次测量结果的算术平均数，即为距主轴端部 300 mm 处的径向跳动。

图 3—2—20　主轴锥孔的径向跳动（距主轴 300 mm 处）

加工中心几何精度的检测项目主要包括 20 项内容，其他精度检测项目以及精度标准可见表 3—2—4。

表 3—2—4　立式加工中心精度检测标准（GB/T 18400.2—2010）

序号	简图	检验项目	允差（mm）	检验工具	检验方法
G1	a) b)	X 轴轴线运动的直线度： a) 在 Z—X 垂直平面内 b) 在 X—Y 水平面内	a）和 b） $X \leq 500$：0.010 $X > 500 \sim 800$：0.015 $X > 800 \sim 1\,250$：0.020 $X > 1\,250 \sim 2\,000$：0.025 局部公差 在任意 300 测量长度上为 0.007	a） 平尺和指示器或光学仪器 b） 平尺和显微镜或光学仪器钢丝	参照 GB/T 17421.1—1998 的有关条文 5.2.3.2.1，5.2.1.1，5.2.3，5.2.3.1.2 和 5.2.3.3.1 对所有结构型式的机床，平尺和钢丝或反射器应置于工作台上。如可装于主轴上，轴能紧锁，则指示器或显微镜或检验工具应装在主机床的主轴箱上，否则检验工具应装在主机床的主轴箱上。测量位置应尽量靠近工作台中央
G2	a) b)	Y 轴轴线运动的直线度： a) 在 Y—Z 垂直平面内 b) 在 X—Y 水平面内	a）和 b） $X \leq 500$：0.010 $X > 500 \sim 800$：0.015 $X > 800 \sim 1\,250$：0.020 $X > 1\,250 \sim 2\,000$：0.025 局部公差 在任意 300 测量长度上为 0.007	a） 平尺和指示器或光学仪器 b） 平尺和显微镜或光学仪器钢丝	参照 GB/T 17421.1—1998 的有关条文 5.2.3.2.1，5.2.1.1，5.2.3，5.2.3.1.2 和 5.2.3.3.1 对所有结构型式的机床，平尺和钢丝或反射器应置于工作台上。如可装于主轴上，轴能紧锁，则指示器或显微镜或检验工具应装在主机床的主轴箱上，否则检验工具应装在主机床的主轴箱上。测量位置应尽量靠近工作台中央

续表

序号	简图	检验项目	允差(mm)	检验工具	检验方法
G3	a) b)	Z 轴轴线运动的直线度： a) 在平行于 X 轴轴线的 Z−X 垂直平面内 b) 在平行于 Y 轴轴线的 Y−Z 垂直平面内	a) 和 b) X≤500: 0.010 X>500~800: 0.015 X>800~1 250: 0.020 X>1 250~2 000: 0.025 局部公差：在任意 300 测量长度上为 0.007	a) 和 b) 精密水平仪或钢丝和显微镜或光学仪器和指示器	参照 GB/T 17421.1—1998 的有关条文 5.2.1.1.5, 5.2.3.5, 5.2.3.1.2, 5.2.3.2.1 和 5.2.3.3.1 对所有结构型式的机床，平尺和钢丝或反射器都应置于工作台上。如主轴能紧锁，则指示器或显微镜或检验工具应装在主轴上，否则检验工具应装在机床的主轴箱上
G4	a) b) c)	X 轴轴线运动的角度偏差： a) 在平行于移动方向的 Z−X 垂直平面内（俯仰） b) 在 X−Y 水平面内（偏摆） c) 在垂直于移动方向的 Y−Z 垂直平面内（倾斜）	a), b) 和 c) 0.060/1 000 (或 60 μrad 或 12") 局部公差：在任意 500 测量长度上为 0.030/1 000 (或 30 μrad 或 6")	a) 精密水平仪或光学角度偏差测量工具 b) 光学角度偏差测量工具 c) 精密水平仪	5.2.1.3, 5.2.3.2.2 和 5.2.3.3.2 检验工具应置于运动部件上 a) (俯仰) 纵向 b) (偏摆) 水平 c) (倾斜) 横向 沿行程在等距离的五个位置上检验应在每个位置的两个运动方向测取读数 当 Y 轴线运动同时引起主轴箱和工件夹持工作台运动时，这两种角运动应同时测量并用代数式处理

续表

序号	简图	检验项目	允差 （mm）	检验工具	检验方法
G5	 a) b) c)	Y轴轴线运动的角度偏差： a) 在平行于移动方向的 Y—Z 垂直平面内的角度（俯仰） b) 在 X—Y 水平面内（偏摆） c) 在垂直于移动方向的 Z—X 垂直平面内的角度（倾斜）	a)、b) 和 c)： 0.060/1 000 （或 60 μrad 或 12″） 局部公差为任意 500 测量长度上在 0.030/1 000 （或 30 μrad 或 6″）	a) 精密水平仪或光学角度偏差测量工具 b) 光学角度偏差测量工具 c) 精密水平仪	参照 GB/T 17421.1—1998 的有关条文 5.2.3.1.3、5.2.3.2.2 和 5.2.3.3.2 检验工具应置于运动部件上 a)（俯仰）纵向 b)（偏摆）水平 c)（倾斜）横向 沿行程在等距离的五个位置上检验 应在每个位置的两个运动方向测取读数 当 Y 轴线运动引起主轴箱和工件夹持工作台同时产生两种角运动时，这两种角运动应同时测量并用代数式处理
G6	 a) b)	Z轴轴线运动的角度偏差： a) 在平行于 Z 轴轴线的 Y—Z 垂直平面内 b) 在平行于 Z 轴轴线的 Z—X 垂直平面内	a) 和 b)： 0.060/1 000 （或 60 μrad 或 12″） 局部公差为任意 500 测量长度上在 0.030/1 000 （或 30 μrad 或 6″）	a) 和 b) 精密水平仪或光学角度偏差测量工具	参照 5.2.3.1.3、5.2.3.2.2 和 5.2.3.3.2 应沿行程在等距离的五个位置上检验，在每个位置的两个运动方向测取读数。最大与最小读数的差值应不超过允差 对于 a) 和 b)，当 Z 轴轴线运动时，起主轴箱和工件夹持工作台同时产生角运动时，这两种角运动应同时测量并用代数式处理

续表

序号	简 图	检验项目	允差(mm)	检验工具	检验方法
G7		Z轴轴线运动和X轴轴线运动的垂直度	0.020/500	平尺或平板角尺和指示器	参照GB/T 17421.1—1998的有关条文 a) 平尺或平板应平行X轴轴线放置 b) 应通过直立在平尺或平板上的角尺检验Z轴轴线 如主轴能紧锁，则指示器或显微镜或主轴涉仪可装在主轴上 为了参考和修正方便，应记录α值 是小于、等于还是大于90°
G8		Z轴轴线运动和Y轴轴线运动的垂直度	0.020/500	平尺或平板角尺和指示器	a) 平尺或平板应平行X轴轴线放置 b) 应通过直立在平尺或平板上的角尺检验Z轴轴线 如主轴能紧锁，则指示器或显微镜或主轴涉仪可装在主轴上 为了参考和修正方便，应记录α值 是小于、等于还是大于90°
G9		Y轴轴线运动和X轴轴线运动间的垂直度	0.020/500	平尺、角尺和指示器	5.5.2.2.4 a) 平尺或平板应平行X轴轴线放置 b) 应通过直立在平尺或平板上的角尺检验Z轴轴线 为了参考和修正方便，应记录α值

续表

序号	简图	检验项目	允差（mm）	检验工具	检验方法 参照 GB/T 17421.1—1998 的有关条文
G10		主轴的周期性轴向窜动	0.005	指示器	5.6.2.1.1 和 5.6.2.2.2 应在机床工作主轴上进行检验
G11		主轴锥孔的径向跳动： a）靠近主轴端部 b）距主轴端部 300 mm 处	a）0.007 b）0.015	检验棒和指示器	5.6.2.1.2 和 5.6.1.2.3 应在机床的所有工作主轴上进行检验 应至少旋转两整圈进行检验
G12	 a） b）	主轴轴线和 Z 轴轴线运动间的平行度： a）在平行于 Y 轴轴线的 Y—Z 垂直平面内 b）在平行于 X 轴轴线的 Z—X 垂直平面内	a）和 b） 在 300 测量长度上为 0.015	检验棒和指示器	5.4.1.2.1 和 5.4.2.2.3 X 轴轴线置于行程的中间位置 a）如果可能，Y 轴轴线锁紧 b）如果可能，X 轴轴线锁紧

续表

序号	简 图	检验项目	允差 (mm)	检验工具	检验方法
					参照 GB/T 17421.1—1998 的有关条文
G13		主轴轴线和 X 轴轴线运动间的垂直度	0.015/300	平尺、专用支架和指示器	5.5.1.2.3.2 如果可能，Y 轴轴线和 Z 轴轴线锁紧。平尺应平行于 X 轴轴线放置。为了参考和修正方便，应记录 α 值。是小于，等于还是大于 90°
G14		主轴轴线和 Y 轴轴线运动间的垂直度	0.015/300	平尺、专用支架和指示器	5.5.1.2.3.2 如果可能，Z 轴轴线锁紧。平尺应平行于 Y 轴轴线放置。为了参考和修正方便，应记录 α 值。是小于，等于还是大于 90°
G15		工作台[1]面的平面度 固定工作台或回转工作台在工作位置锁紧的任意一个托板	L≤500：0.020 L>500~800：0.025 L>800~1250：0.030 L>1250~2000：0.040 局部公差：在任意 300 测量长度上为 0.012	精密水平仪或平尺、量块和指示器或光学仪器	5.3.2.3、5.3.3.2 和 5.3.2.4 X 轴轴线和 Z 轴轴线置于其行程中间位置。工作台面的平面度应检验两次，一次不锁紧（如适用的话）。两次测定的偏差均应符合允差要求

续表

序号	简图	检验项目	允差（mm）	检验工具	检验方法
G16		工作台[1]面和X轴轴线运动间的平行度 固有的固定工作台或回转工作台或夹紧位置锁紧的任意一个托板	X≤500：0.020 X>500~800：0.025 X>800~1 250：0.030 X>1 250~2 000：0.040	平尺、量块和指示器	参照GB/T 17421.1—1998的有关条文 5.4.2.2.1和5.4.2.2.2 如果可能，Y轴可能线锁紧 指示器测头近似地置于刀具的工作位置，可在平行于工作台面放置的平尺上进行测量 回转工作台应在互成90°的四个回转位置处测量
G17		工作台[1]面和X轴轴线运动间的平行度 固有的固定工作台或回转工作台或夹紧位置锁紧的任意一个托板	Y≤500：0.020 Y>500~800：0.025 Y>800~1 250：0.030 Y>1 250~2 000：0.040	平尺或平板角尺和指示器	5.4.2.2.1和5.4.2.2.2 如果可能，X轴轴线锁紧和Z轴轴线锁紧 指示器测头近似地置于刀具的工作位置，可在平行于工作台面放置的平尺上进行测量 如主轴能锁紧，则指示器可装在机床的主轴箱上，否则指示器应装在机床的主轴箱上 回转工作台应在互成90°的四个回转位置处测量
G18	 a)	工作台[1]面和Z轴轴线运动间的平行度： a) 在平行于X轴轴线的Z-X垂直平面内 b) 在平行于Y轴轴线的Y-Z垂直平面内 固有的固定工作台或回转工作台或夹紧位置锁紧的任意一个托板	a) 和 b) 在500测量长度上为 0.025	指示器、平尺和标准销（如果需要）	5.5.2.2.1 a) 如果可能，X轴轴线锁紧 b) 如果可能，Y轴轴线锁紧 角尺或圆柱形角尺置于工作台中央 如主轴能锁紧，则指示器可装在机床的主轴箱上，否则指示器应装在机床的主轴箱上 回转工作台应在互成90°的四个回转位置处测量

续表

序号	简 图	检验项目	允差 (mm)	检验工具	检验方法
G18	b)（Z、Y、Z′、Y′ 轴向简图）				参照 GB/T 17421.1—1998 的有关条文
G19	a) b) c)（X、Y、X′、Y′ 轴向简图）	a）工作台[1]纵向中央或基准 T 形槽和 X 轴轴线运动的平行度 b）工作台纵向定位孔中心线（如果有的话）和 X 轴轴线运动间的平行度 c）工作台纵向侧面运动向器和 X 轴轴线运动间的平行度 固有的固定工作台或回转工作台或工作位置锁紧在任意一个托板		平尺或平板角尺和指示器	5.5.2.1 如果可能，Y 轴锁紧 如主轴能锁紧，则指示器应装在主轴上，否则指示器应装在机床的主轴箱上 当有定位孔时，应使用两个与该孔配合并具有相同直径突出部分的标准销，平尺就紧靠它们放置

【任务链接】

数控机床的几何精度反映机床的关键机械零部件（如床身、溜板、立柱、主轴箱等）的几何形状误差及其组装后的几何形状误差，包括工作台面的平面度、各坐标方向上移动的相互垂直度、工作台面 X、Y 坐标方向上移动的平行度、主轴孔的径向圆跳动、主轴轴向的窜动、主轴箱沿 Z 坐标轴心线方向移动时的主轴线平行度、主轴在 Z 轴坐标方向移动的直线度和主轴回转轴心线对工作台面的垂直度等。

常用检测工具有精密水平尺、精密方箱、千分表、直角仪、平尺、高精度主轴芯棒及千分表杆磁力座等，见表 3—2—5。

表 3—2—5 常用精度检测工具

检验工具	图例	功能
条式水平仪		主要检验机床的水平度和导轨的直线度
大理石平尺、方尺		主要测量工作台面的直线度、平行度等
莫氏检验棒	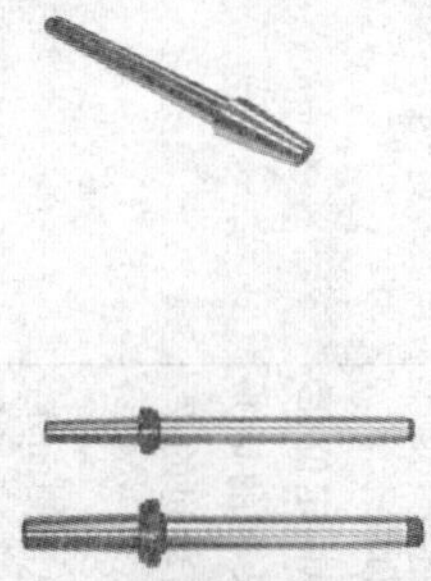	主要检测机床主轴的径向跳动、轴向窜动、主轴轴线与 Z 轴轴线的平行度等
步距规	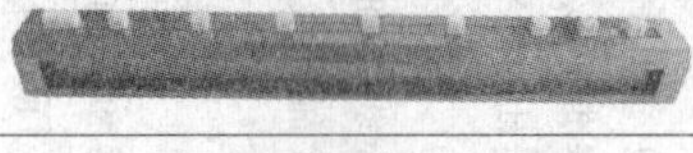	主要检验机床的定位精度、重复定位精度等
百分表		主要用于检测机床主轴的径向跳动

数控机床精度检测注意事项：

1. 检测时，机床的基座应已完全固化。

2. 检测时，要尽量减小检测工具与检测方法的误差。

3. 应按照相关的国家标准，先接通机床电源对机床进行预热，并沿机床各坐标轴往复运动数次，使主轴以中速运行数分钟后再进行检测。

4. 数控机床几何精度一般比普通机床高，所用检测工具的精度等级要比被测机床的几何精度高一级。普通机床用的检具、量具，往往因自身精度低，满足不了检测要求。

5. 几何精度检测必须在机床精调试后一次完成，不得调一项测一项，因为有些几何精度是相互联系和影响的。

6. 对大型数控机床还应实施负荷试验，以检验机床是否达到设计承载能力，在负荷状态下各机构是否正常工作，以及机床工作的平稳性、准确性、可靠性是否达标。

任务三　数控机床位置精度检测与补偿

【任务导入】

1. 掌握数控机床定位精度的分类。

2. 能够对数控机床的定位精度进行检测与补偿。

【任务描述】

数控机床的位置精度是影响零件加工尺寸的因素之一。数控机床的几何精度是在数控机床静态下进行的精度检测，而数控机床的位置精度是在数控机床动态下进行的精度检测。随着数控机床的使用，滚珠丝杠螺母副以及机床导轨的磨损，数控机床的定位精度会发生变化，从而影响到所要加工零件的尺寸。因此，数控机床位置精度的检测和补偿是提高机床精度的重要方法。

数控机床的位置精度是指机床的可移动部件在数控系统的控制下，快速或匀速运动时所能够达到设定的目标坐标的精度。数控机床的位置精度主要包括反向间隙、定位精度、重复定位精度等内容。

机床位置精度检测如图 3—3—1 所示。

图 3—3—1　机床位置精度检测

1. 设备、工具准备

大连 CKA6150 数控车床、百分表（带表座）、步距规或激光干涉仪等。

2. 资料准备

大连 CKA6150 数控车床使用说明书、步距规使用说明书、简式数控卧式车床精度国家标准（GB/T 25659.1—2010）等。

【任务实施】

一、数控机床反向间隙检测与补偿（以 **CKA6150** 数控车床为例）

1. 工具

千分表（或百分表）、磁力表座。

2. 参数说明

反向间隙补偿常用参数见表 3—3—1。

表 3—3—1　　　　　　　　　　反向间隙补偿常用参数

序号	参数号	说明	设定值	备注
1	300000	用于设置当前轴反向间隙补偿的类型	0：反向间隙补偿功能禁止 1：常规反向间隙补偿 2：当前轴快速移动时采用与切削进给时不同的反向间隙补偿值	设定范围 0~2
2	300001	反向间隙补偿值 （该参数为机床进给轴在常用工作区间内的反向间隙值。如果机床采用双向螺补，则无须进行反向间隙补偿）	实测反向间隙值	1）当 PARM300000 设置为 1 时，当前反向间隙补偿值为快速移动与切削进给的反向补偿 2）当 PARM300000 设置为 2 时，该参数设定值为当前轴切削进给时反向间隙补偿值；PARM300003 设定值为快速移动时反向间隙补偿值
3	300002	反向间隙补偿率	0~1	
4	300003	快移反向间隙补偿（该参数用于设定当前轴快速移动时的反向间隙补偿值）	实测反向间隙值	

3. 检测过程（以 X 轴为例）

（1）切削进给方式下反向间隙检测

1）将机床导轨以及被测量面擦拭干净。

2）将 CNC 系统中的反向间隙补偿清空，并将参数 300000 设定为 2。

3）将机床沿 X 轴回参考点，在数控系统 MDI 方式下编写指令 G91G01U-10F0.1，并执行运动指令使机床按照切削进给速度移动到距离参考点 10 mm 的测量点。

4）安装百分表，并将百分表的刻度调零，如图 3—3—2 所示。

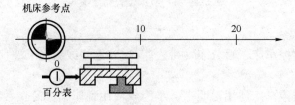

图 3—3—2　机床沿 Z 轴移动到测量点示意图

5）在 MDI 方式下运行程序 G91G01U-10F0.1，使机床以切削进给速度沿相同方向移动，如图 3—3—3 所示。

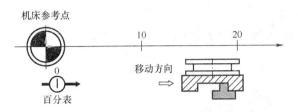

图 3—3—3　机床沿 Z 轴移动 20 mm 后示意图

6）同样在 MDI 方式下，运行程序 G91G01U10F0.1，使机床以切削进给速度沿相反方向移动到测量点，如图 3—3—4 所示。

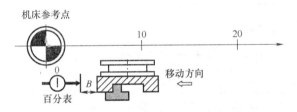

图 3—3—4　机床反向移动到测量点示意图

7）读取百分表的读数，此时百分表的读数即为所检测轴 X 轴切削进给时的反向间隙 B。

（2）快速进给下反向间隙检测

1）将机床沿 X 轴回参考点，在数控系统 MDI 方式下编写指令 G91G00U-10，并执行运动指令使机床按照快速进给速度移动到距离参考点 10 mm 的测量点。

2）安装百分表，并将百分表的刻度调零。

3）在 MDI 方式下运行程序 G91G00U-10；使机床以快速进给速度沿相同方向移动。

4）同样在 MDI 方式下，运行程序 G91G00U10F，使机床以快速进给速度沿相反方向移动到测量点。

5）读取百分表的读数，此时百分表的读数即为所检测轴 X 轴快速进给时的反向间隙 B'。

4. 设定反向间隙补偿参数

（1）将切削进给速度下测量的反向间隙数据 B 填写到 X 轴反向间隙参数 300001 中。

（2）将快速进给速度下测量的反向间隙数据 B' 填写到 X 轴反向间隙参数 300003 中。

注意事项：

＊为了确保每个测量点的反向间隙尽可能准确，一般会对每个测量点进行 7 次测量，将测量结果取平均值 $\overline{B}$ 作为该点的反向间隙补偿量。

＊由于机床工作台在不同位置处的反向间隙值不同，为了更准确反映机床的反向间隙，通常会在机床行程的中间及两端取 3 个位置作为测量点。得到 3 个测量点的平均反向差值 $\overline{B}$ 后，取其中最大的一个作为补偿量。

＊在测量过程中先要回参考点，然后向 Z 轴负方向移动一定距离以消除工作台的间隙。

＊百分表在安装时要注意表座和表杆不要伸出太长，以免造成检测数据不准确。

＊如果检测的反向间隙比较大，可以使用 300002 参数将补偿分散到多个插补周期内。

二、螺距误差检测及补偿（以 CKA6150 数控车床为例）

1. 工具

千分表（或百分表）、磁力表座、步距规。

步距规尺寸见表 3—3—2。

表 3—3—2　　　　　　　　　　　步距规尺寸

位置	P0	P1	P2	P3
实际尺寸	0	−108	−216	−324

2. 螺距误差补偿相关参数

螺距误差补偿过程中用到的参数见表 3—3—3。

表 3—3—3　　　　　　　　　　螺距误差补偿参数

序号	参数号	说明	设定值	备注
1	300020	螺距误差补偿类型	0：螺距误差补偿功能禁止 1：螺距误差单向补偿开启 2：螺距误差双向补偿开启	
2	300021	螺距误差补偿起点坐标	用于设定补偿行程的起点，应填入机床坐标系下的坐标值	当螺距误差测量沿坐标轴负向进行时，该参数应填入测量终止点的坐标（即测量行程的左端点）
3	300022	螺距误差补偿点数	用于设定补偿行程范围内的采样补偿点数	
4	300023	螺距误差补偿点间距	用于设定补偿行程范围内两相邻采样补偿点的距离	
5	300024	螺距误差取模补偿使能		
6	300025	螺距误差补偿倍率	螺距误差补偿值乘以该参数设定值后输出给补偿轴	
7	300026	螺距误差补偿表起始参数号	用来设定螺距误差补偿表在数据表参数中的起始参数号	在设定起始参数号后，螺距误差补偿表在数据表参数中的存储位置区间得以确定，补偿值序列以该参数号为首地址，按照采样补偿点坐标顺序（从小到大）依次排列，若为双向螺补，应先输入正向螺距补偿数据，再紧随其后输入负向螺距补偿数据

3. 检测过程

步骤	检测过程记录	备注
1	将机床的工作台以及步距规底面擦拭干净	
2	手动方式移动 X 轴，使溜板箱在机床导轨中间位置	
3	安装桥板、步距规，固定好杠杆百分表，调整桥板、步距规的水平度与 X 轴的平行度（如图 3—3—5 所示，平行度误差不超过 0.02 mm）	
4	设定好机床零点并回零	
5	调整杠杆百分表，使触头触及步距规的 P_0 点，夹角小于 15°	
6	编写螺距补偿程序（程序见步距规检测程序 O0001）	
7	运行程序，记录数值，将所测数值填写在数据表中。检测 5 次，计算得出结果	
8	将所测数据进行补偿，重新检测，并检验是否合格	
9	取下桥尺、步距规和百分表，并放置回工具盒内	

图 3—3—5 步距规安装示意图

步距规检测程序（步距规间距 54 mm）：

O0001；

G92 X0 Z0 ；

G1 Z15 F0.2；

X5；

X0；

Z0；

G4 X3；

Z15；

X – 108；

Z0

G4 X3 ；

Z15；

X－216；

Z0；

G4 X3；

Z15；

X－324；

Z0；

G4 X3；

Z15；

X－330；

X－324；

Z0；

G4 X3；

Z15；

X－216；

Z0；

G4 X3；

Z15；

X－108；

Z0；

G4 X3；

Z15；

X0

Z0；

M30；

4. 记录检测数据

在检测过程中将检测数据记录到表3—3—4中。

表3—3—4　　　　　　　　　　　螺距误差补偿记录表

序号		1		2		3		4	
目标位置 P_i（mm）		0		－108		－216		－324	
趋近方向		↑	↓	↑	↓	↑	↓	↑	↓
位置偏差 X_{ij}（μm）	$j=1$	0	116	40	118	－10	100	25	89
	2	0	115	38	112	－12	95	20	82
	3	0	116	38	114	－13	98	20	84
	4	0	116	38	116	－12	98	－20	88
		0	117	38	115	－10	98	19	85

标准：《简式数控卧式车床　第1部分：精度检验》（GB/T 25659.1—2010）

定位精度 A（mm）	0.143 6	重复定位精度 R（mm）	0.117 4	平均反向差值 B（mm）	0.116

5. 根据表3—3—4的内容判断数控机床的定位精度、重复定位精度、平均反向差值是否超差，如果超差则对数控机床进行精度补偿。螺距误差补偿设定参数见表3—3—5和表3—3—6。

表3—3—5　　　　　　　　　　　　参数设置表

序号	参数编号	设定值	说明	序号	参数编号	设定值	说明
1	300020	2	双向补偿	5	300024	0	
2	300021	−324		6	300025	1	
3	300022	4		7			
4	300023	108					

表3—3—6　　　　　　　　　　　　参数补偿表

序号	参数编号	补偿数值	序号	参数编号	补偿数值
1	700000	0.089	6	700005	−0.01
2	700001	0.1	7	700006	0.04
3	700002	0.118	8	700007	0
4	700003	0.116	9		
5	700004	0.025	10		

注意事项：由于本次检测为X轴并且由X轴正方向向负方向检测，根据华中系统螺距误差补偿原理，补偿参数值填写时按照从负向正、从右到左顺序填写，然后从正向负、从右向左顺序填写，正向补偿起点螺补号为700000，负向补偿起点号为70004。

6. 填写完螺距误差补偿后，重新进行螺距误差补偿检测，并重新填写表3—3—4，分析数据是否超过国家规定标准，如果未超差，表明机床位置精度符合要求。

【任务链接】

数控机床的丝杠和螺母之间存在一定的间隙，所以机床的运动轴在由正转变为反转的时候，在一定的范围内，虽然丝杠转动，但是螺母还要等间隙消除以后才能带动工作台运动，这个间隙就是数控机床的反向间隙。

反向间隙在无补偿的条件下，将机床的行程分为若干段，通过检测测量出目标位置的 P_i 平均反向差值 $\overline{B}$，将平均反向差值作为补偿量输入到数控系统中，CNC在控制机床坐标轴反向进行运动时，首先让坐标轴反向运动一个反向差值 $\overline{B}$，然后再让坐标轴按指令运动。

如图3—3—6所示，机床X轴沿图示虚线箭头移动到位置0，然后沿实线箭头返回到目标位置 P_i，工作台在反向移动时，首先反向移动数值 $\overline{B}$，然后移动到目标位置 P_i。数控机床反向实际移动量 $L = P_i + \overline{B}$。

虽然数控机床在出厂时都对机床的反向间隙进行检测并对其补偿，但是随着机床的频繁使用，机床的运动部件之间会产生摩擦，使机床的反向间隙

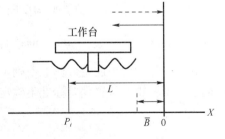

图3—3—6　反向间隙原理

越来越大，从而会影响到机床加工的零件。因此必须要定期对数控机床的反向间隙进行检测补偿。

螺距误差补偿是指在数控机床的坐标系中，在没有进行补偿的条件下，在机床的行程范围内将机床的移动行程分为若干段，测量出行程范围内各目标位置 P_i 的平均位置偏差 $\bar{x}_i \uparrow$，然后把平均位置偏差输入到数控系统中。当数控机床执行数控指令运动到目标位置时，数控系统自动将平均位置偏差叠加到补偿中，使机床的误差消除，从而实现误差的补偿，到达目标实际位置 P_{ij}，如图 3—3—7 所示。

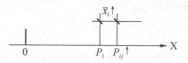

图 3—3—7　螺距误差补偿原理

其中 P_i 为目标位置，P_{ij} 为机床实际位置，$\bar{x}_i \uparrow$ 为平均位置偏差。

国家标准《机床检验通则　第 2 部分：数控轴线的定位精度和重复定位精度的确定》（GB/T 17421.2—2000）对位置精度的评定方法：

目标位置 P_i：运动部件编程要达到的位置。下标 i 表示沿轴线选择的目标位置中的特定位置。

实际位置 $P_{ij}(i = 0 \sim m, \ j = 1 \sim n)$：运动部件第 j 次向第 i 个目标位置趋近时实际测得的到达位置。

位置偏差 X_{ij}：运动部件到达的实际位置减去目标位置之差，$X_{ij} = P_{ij} - P_i$。

单向趋近：运动部件以相同的方向沿轴线（直线运动）或绕轴线（旋转轴）趋近某目标位置的一系列测量。符号 ↑ 表示从正方向趋近，符号 ↓ 表示从负方向趋近。如 $X_{ij} \uparrow$ 或 $X_{ij} \downarrow$。

双向趋近：运动部件从两个方向沿轴线或绕轴线趋近某目标位置的一系列测量。

某一位置的单向平均位置偏差 $\bar{x}_i \uparrow$ 或 $\bar{x}_i \downarrow$：运动部件由 n 次单向趋近某一位置 P_i 所得的位置偏差的算术平均值，$\bar{x}_i \uparrow = \dfrac{1}{n}\sum\limits_{j=1}^{n} x_{ij} \uparrow$ 或 $\bar{x}_i \downarrow = \dfrac{1}{n}\sum\limits_{j=1}^{n} x_{ij} \downarrow$。

某一位置的双向平均位置偏差 $\bar{x}_i$：运动部件从第二个方向趋近某一位置 P_i 所得的单向位置偏差 $\bar{x}_i \uparrow$ 和 $\bar{x}_i \downarrow$ 的算术平均值，$\bar{x}_i = (\bar{x}_i \uparrow + \bar{x}_i \downarrow)/2$。

某一位置的反向差值 B_i：运动部件从两个方向趋近某一位置时两单向平均位置偏差之差，$B_i = \bar{x}_i \uparrow - \bar{x}_i \downarrow$。

轴线反向差值 B 和轴线平均反向差值 $\bar{B}$：运动部件沿轴线或绕轴线的各目标位置的反向差值的绝对值 $|B_i|$ 中的最大值即为轴线反向差值 B。沿轴线或绕轴线的各目标位置的反向差值 B_i 的算术平均值即为轴线平均反向差值 $\bar{B}$。

$$B = \max[\,|B_i|\,] \qquad \bar{B} = \frac{1}{m}\sum_{i=1}^{m} B_i$$

在某一位置的单向定位标准不确定度的估算值 $S_i \uparrow$ 或 $S_i \downarrow$：通过对某一位置 P_i 的 n 次单向趋近所获得的位置偏差标准不确定度的估算值。

$$S_i \uparrow = \sqrt{\frac{1}{n-1}\sum_{j=1}^{n}(x_{ij}\uparrow - \bar{x}_i\uparrow)^2} \qquad S_i \downarrow = \sqrt{\frac{1}{n-1}\sum_{j=1}^{n}(x_{ij}\downarrow - \bar{x}_i\downarrow)^2}$$

在某一位置的单向重复定位精度 $R_i \uparrow$ 或 $R_i \downarrow$ 以及双向重复定位精度 R_i：

$$R_i \uparrow = 4S_i \uparrow \qquad R_i \downarrow = 4S_i \downarrow$$

$$R_i = \max \left[2S_i \uparrow + 2S_i \downarrow + |B_i|; \ R_i \uparrow; \ R_i \downarrow \right]$$

轴线双向重复定位精度 $R = \max \left[R_i \right]$。

轴线双向定位精度 A：由双向定位系统偏差和双向定位标准不确定度估算值的 2 倍的组合来确定的范围。

$$A = \max \left(\bar{x}_i \uparrow + 2S_i \uparrow; \ \bar{x}_i \downarrow + 2S_i \downarrow \right) - \min \left(\bar{x}_i \uparrow - 2S_i \uparrow; \ \bar{x}_i \downarrow - 2S_i \downarrow \right)$$

任务四 数控机床工作精度检测

【任务导入】

1. 掌握数控车床工作精度检验方法和标准。
2. 掌握加工中心工作精度检验方法和标准。

【任务描述】

数控机床在完成水平调整、几何精度检验、位置精度检验和调试过程后，已经基本上完成了各项独立指标的相关检验工作，但是还需要进行实际的切削才能对机床整体性能进行检验。而且，机床使用者往往也非常关心整体的综合性能指标，所以还要完成工作精度的检验。

工作精度标准加工零件如图 3—4—1 所示。数控机床的工作精度主要包括加工零件的圆度、端面的平面度、螺距精度、同轴度、平行度、垂直度等。工作精度检验过程中加工的零件应能够包括上述项目，才能够全面检验机床的整体性能。

1. 设备、工具准备

大连 CKA6150 数控车床、北京机电院 BV75 型加工中心、90°外圆车刀、切槽刀、螺纹刀、$\phi 12$ 平底直柄立铣刀、$\phi 10$ 中心钻等。

2. 资料准备

华中数控车床编程说明书、华中加工中心编程说明书、简式数控卧式车床精度国家标准（GB/T 16462.1—2007、GB/T 16462.4—2007）等。

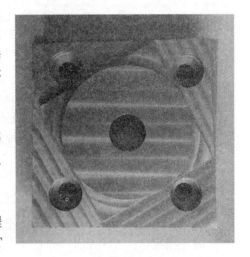

图 3—4—1 工作精度标准加工零件

【任务实施】

一、数控车床工作精度检验

工具：90°外圆刀、35°外圆刀、切槽刀、螺纹刀、三坐标测量仪等。

1. 圆度检验

检验内容：靠近主轴轴端的检验零件的半径变化、切削加工直径的一致性、检验零件的每一个环带直径之间的变化。

（1）检验方式

精车夹持在标准的工件夹具上的圆柱试件。单刃车刀安装在回转刀架的一个工位上。

检验零件的材料和刀具的型式及形状、进给量、背吃刀量、切削速度均由制造厂规定，但应该符合国家或行业标准的相关规定。

（2）简图（见图3—4—2）

说明：

$L = 0.5$ 最大车削直径或2/3最大车削行程。

范围1：最大为250 mm。

范围2：最大为500 mm。

$D_{min} = 0.3L$。

（3）允差（见表3—4—1）

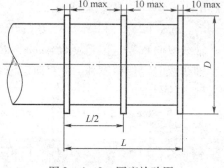

图3—4—2 圆度检验图

表3—4—1   圆度允差

项目 范围（mm）	范围1	范围2
圆度	0.003	0.005
切削加工直径的一致性	300 长度上为0.020	300 长度上为0.030
相邻环带间的差值不应超过两端环带间测量差值的75%		

2. 精车端面的平面度

（1）检验方式

1）精车夹持在标准的工件夹具上的试件端面。单刃车刀安装在回转刀架上的一个工位上。

2）检验零件的材料和刀具的型式及形状、进给量、背吃刀量、切削速度均由制造厂规定，但应该符合国家或行业标准的相关规定。

（2）简图（见图3—4—3）

$D_{min} = 0.5$ 最大车削直径。

（3）允差

300 mm 直径上为0.025 mm，只允许凹。

3. 螺距精度

（1）检验方式

用一把单刃车刀车螺纹。

V 形螺纹形状：螺纹的螺距不应超过丝杠螺距之半。

试件的材料和直径、螺纹的螺距，连同刀具的形式和形状、进给量、背吃刀量和切削速度均由制造厂规定，但应该符合国家标准或行业标准的相关规定。

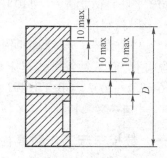

图3—4—3 精车端面的平面度检验图

注：①螺纹表面应光滑凹陷或波纹。

②外径为50 mm、长为75 mm，螺距为3 mm的典型试件一般可满足大多数无丝杠机床。

（2）简图（见图3—4—4）

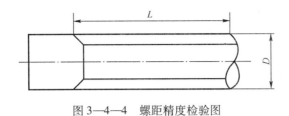

图 3—4—4 螺距精度检验图

$L_{min} = 75$ mm。

$D \approx$ 丝杠直径。

（3）允差

任意 50 mm 测量长度上为 0.01 mm。

4. 在各轴转换点处的车削轮廓与理论轮廓的偏差

（1）检验方式

1）在数字控制下用一把单刃车刀车削试件的轮廓。

2）试件的材料和直径、螺纹的螺距，连同刀具的形式和形状、进给量、背吃刀量和切削速度均由制造厂规定，但应该符合国家标准或行业标准的相关规定。

（2）检验工具

轮廓比较仪或三坐标测量仪。

（3）简图

对于轴类车床，如图 3—4—5 所示。

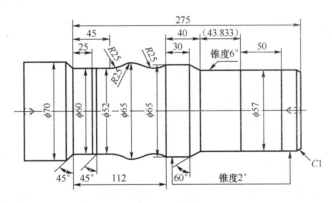

图 3—4—5 轴类车床轮廓的偏差检验图

所示的尺寸只适用于范围 2，最大为 500 mm。

对于范围 1，最大为 250 mm，机床的尺寸可以由制造厂按比例缩小。

（4）允差

范围 1：最大为 250 mm 时，允差为 0.030 mm。

范围 2：最大为 500 mm 时，允差为 0.045 mm。

5. 基准半径的轮廓变化、直径的尺寸、圆度误差

（1）检验方式

用程序 1 或程序 2 车削一个试件（形状和尺寸见图 3—4—6）。

程序 1：以 15°为一个程序段，从 0°～105°（即 7 个程序段）分段车削球面，不用刀尖圆弧半径补偿。

程序 2：只用一个程序（1°～105°）车削球面，不用刀尖圆弧半径补偿。

工序：1）在精加工前坯料的加工余量为 0.13 mm。

2）将试件 1 精加工到要求尺寸。

3）不调整机床，将试件 2 和 3 精加工到要求尺寸。

（2）检验工具

指示器或三坐标测量仪。

（3）简图（见图 3—4—6）

注意：1）带"∗"符号的尺寸不重要，只用于夹持。

2）半径 A 可以是适用于机床的任意尺寸。

3）材料：铝合金。

4）毛坯尺寸余量：0.25～0.40 mm。

（4）允差（见表 3—4—2）

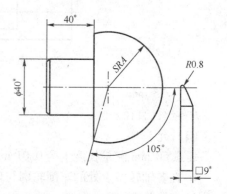

图 3—4—6　基准半径的轮廓变化、直径的尺寸、圆度误差检验图

表 3—4—2　　　　　　　　　　　　　　　　允差

尺寸（mm）	范围 1（mm）	范围 2（mm）
<100	0.008	—
<150	0.010	—
<250	0.015	—
<350	—	0.20
<500	—	0.025
<750	— 0.010 0.003	0.035 0.020 0.005

注：1）试件达到的表面粗糙度要做记录。

2）刀尖圆弧半径的精度必须达到机床输入分辨率的两倍，并且刀具的前角为 0°。

3）必须使用紧密、稳定的材料（如铝合金）以获得满意的表面粗糙度。

4）通过这几个试件的比较就能得到负载条件下的重复定位精度。

二、加工中心工作精度检验

1. 试件的定位

试件应位于 X 行程的中间位置，并沿 Y 轴和 Z 轴在适合于试件和夹具定位及刀具长度的适当位置处放置。当对试件的定位位置有特殊要求时，应在制造厂和用户的协议中规定。

2. 试件的固定

试件应在专用的夹具上，方便安装，以达到刀具和夹具的最大稳定性。夹具和试件的安装面应平直。

应检验试件安装表面与夹具夹持面的平行度。应使用合适的夹持方法，以便使刀具能贯穿和加工中心孔的全长。建议使用埋头螺钉固定试件，以避免刀具与螺钉发生干涉，也可选用其他等效的方法。试件的总高度取决于所选用的固定方法。

3. 试件的材料、刀具和切削参数

试件的材料、刀具和切削参数按照制造厂与用户间的协议选取，并应记录下来，推荐的切削参数如下：

（1）切削速度。铸铁件约为 50 m/min；铝件约为 300 m/min。

（2）进给量。为 0.05 ~ 0.10 mm/齿。

（3）背吃刀量。所有铣削工序在径向背吃刀量应为 0.2 mm。

4. 试件的尺寸

如果试件切削了数次，外形尺寸减小，孔径增大，当用于验收检验时，建议选用最终的轮廓加工试件尺寸与本标准中规定的一致，以便如实反映机床的切削精度。试件可以在切削试验中反复使用，其规格应保持在本标准所给出的特征尺寸的 ±10% 以内。当试件再次使用时，在进行新的精切试验前，应进行一次薄层切削，以清理所有的表面。

5. 轮廓加工试件

（1）目的

该检验包括在不同轮廓上的一系列精加工，用来检查不同运动条件下的机床性能。也就是仅一个轴线进给、不同进给率的两轴线线性插补、一轴线进给率非常低的两轴线线性插补和圆弧插补。

该检验通常在 X—Y 平面内进行，但当备有万能主轴头时同样可以在其他平面内进行。

（2）尺寸

轮廓加工试件共有两种规格，如图 3—4—7 和图 3—4—8 所示，可参见《加工中心检验条件 第 7 部分：精加工试件精度检验》（GB/T 18400.7—2010），试件尺寸单位为 mm。

试件尺寸见表 3—4—3。

表 3—4—3 　　　　　　　　　　　　　　　　　　 试件尺寸 　　　　　　　　　　　　　　　　 mm

名义尺寸 l	m	p	q	r
320	280	50	220	100
160	140	30	110	52

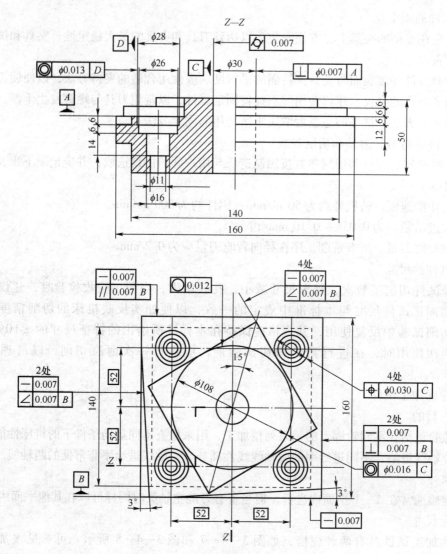

图3—4—7 小规格轮廓加工试件图

试件的最终形状应由下列加工形成：

1）通镗位于试件中心直径为 φ30 mm 的孔。

2）加工边长为 160 mm 的外正方形或边长为 140 mm 的正方形底座。

3）加工位于正方形上边长为 108 mm 的菱形（倾斜 15° 的正方形）。

4）加工位于菱形之上直径为 108 mm、深为 6 mm（或 10 mm）的圆。

5）加工正方形上面 α 角为 3° 或 tanα = 0.05 的倾斜面。

6）镗削直径为 26 mm（或较大试件上的 43 mm）的四个孔和直径为 28 mm（或较大试件上的 45 mm）的四个孔。加工时，直径为 26 mm 的孔沿轴线的正向趋近，直径为 28 mm 的孔为负向趋近。这些孔距试件中心距离为 r。

因为是在不同的轴向高度加工不同的轮廓表面，因此应保持刀具与下表面平面离开零点

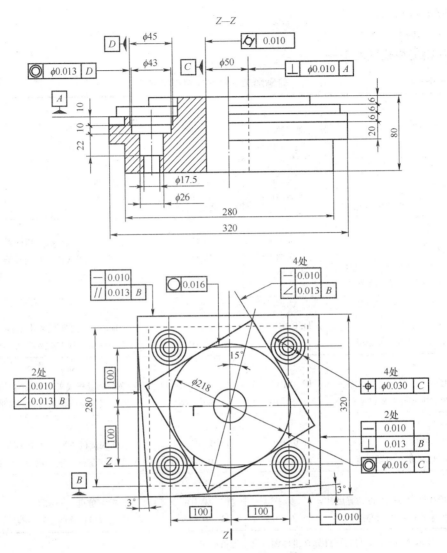

图3—4—8 大规格轮廓加工试件图

几毫米的距离，以避免接触。

（3）刀具

可选用直径为32 mm的同一把立铣刀加工试件的所有外表面。

（4）切削参数

推荐下列切削参数：

1）切削速度。铸铁件约为50 m/min；铝件约为300 m/min。

2）进给量。为0.05~0.10 mm/齿。

3）背吃刀量。所有铣削工序在径向背吃刀量应为0.2 mm。

（5）毛坯和预加工

毛坯底部为正方形底座，边长为m，高度由安装方法确定。为使背吃刀量尽可能恒定，精切前应进行预加工。

（6）检验和允差

试件精度检验见表3—4—4。

表3—4—4　　　　　　　　　轮廓加工试件几何精度检验　　　　　　　　　mm

检验项目	允差		检验工具
	名义规格 l = 320	名义规格 l = 160	
中心孔 a) 圆柱度 b) 孔轴线对基准 A 的垂直度	a) 0.010 b) φ0.010	a) 0.007 b) φ0.007	a) 坐标测量机 b) 坐标测量机
正方形 c) 边的直线度 d) 相邻边对基准 B 的垂直度 e) 相对边对基准 B 的平行度	c) 0.010 d) 0.013 e) 0.013	c) 0.007 d) 0.007 e) 0.007	c) 坐标测量机或平尺和指标器 d) 坐标测量机或角尺和指标器 e) 坐标测量机或高度规或指示器
菱形 f) 边的直线度 g) 四边对基准 B 的倾斜度	f) 0.010 g) 0.013	f) 0.007 g) 0.007	f) 坐标测量机或平尺和指示器 g) 坐标测量机或正弦规和指示器
圆 h) 圆度 i) 外圆和中心孔 C 的同心度	h) 0.016 i) φ0.016	h) 0.012 i) φ0.016	h) 坐标测量机或指示器或圆度测量仪 i) 坐标测量机或指示器或圆度测量仪
斜面 j) 面的直线度 k) 斜面对基准 B 的倾斜度	j) 0.010 k) 0.013	j) 0.007 k) 0.007	j) 坐标测量机或平尺和指示器 k) 坐标测量机或正弦规和指示器
镗孔 n) 孔相对于中心孔 C 的位置度 o) 内孔与外孔 D 的同心度	n) φ0.030 o) φ0.013	n) φ0.030 o) φ0.013	n) 坐标测量机 o) 坐标测量机或圆度测量仪

注：1）如果条件允许，可将试件放在坐标测量机上进行测量。

2）对直边（正方形、菱形和斜面）而言，为获得直线度、垂直度和平行度的偏差，测头至少在10个点处触及被测表面。

3）对于圆度（或圆柱度）检验，如果测量为非连续性的，则至少检验15个点（圆柱度在每个侧平面内）。

任务五　数控机床参数备份

【任务导入】

1. 掌握利用U盘对数控机床进行数据备份与恢复的方法。

2. 掌握利用CF卡对数控机床进行数据备份与恢复的方法。

【任务描述】

数控机床数据的备份与恢复在数控机床的故障诊断与维修中起到了非常重要的作用。数控机床的参数在数控机床的使用中起到关键性作用，而数控机床的参数一般会保存在内存中。当数控机床不使用时，参数一般会由电池进行供电保存。当出现电池电量不足或参数被人为改动时，机床就会出现故障。因此，数控机床数据在验收后必须进行备份。

华中 808 数控系统的数据主要包括 PLC 文件、参数文件、用户自定义报警、用户宏变量值等，而数据备份和恢复的形式多种多样，可以使用 U 盘（见图 3—5—1a）、CF 卡（见图 3—5—1b）、RS232 数据线、网线等，各种备份方法各有所长。

a)   b)

图 3—5—1　数据备份恢复工具

【任务实施】

一、U 盘数据备份与恢复

工具：U 盘。

机床：CKA6150 机床（华中 808 系统）。

1. 备份步骤

（1）在数控系统显示器的左侧 XS7 接口插入 U 盘，USB 接口如图 3—5—2 所示。

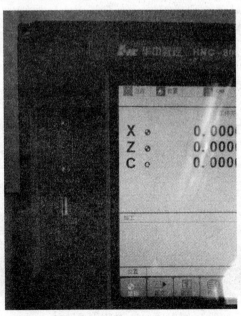

图 3—5—2　华中 808 系统 USB 接口

（2）将机床操作面板的急停按钮按下，按绿色的系统启动按键，启动数控系统。

（3）在机床操作面板中选择"设置"→然后选择功能软件F10"参数"→F7"权限管理"→选择用户级别（数控）→F1"登录"，登录界面如图3—5—3所示。

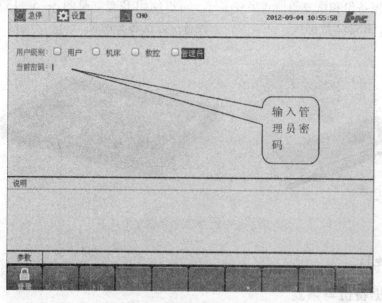

图3—5—3　权限登录界面

（4）输入登录密码（HIG）→点击F1"登录"，登录完成后点击F10"返回"。

（5）在参数界面中点击F6"数据管理"进入到数据备份、恢复界面，如图3—5—4所示。

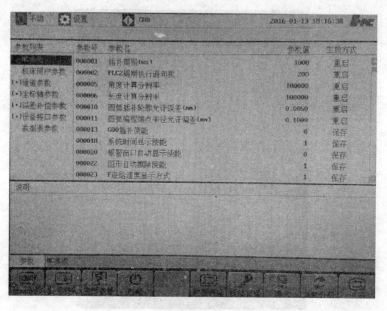

图3—5—4　数据管理界面

（6）选择需要备份的文件类型（参数类型可以通过方向按键进行选择），如果要备份参数则选择"参数文件"，如果要备份 PLC 则选择"PLC 文件"，如图 3—5—5 所示。

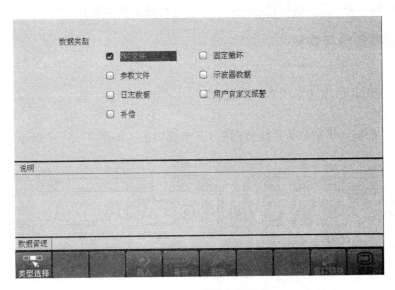

图 3—5—5　文件类型界面

（7）点击 F9"窗口切换"，在窗口切换界面选择目录盘为 U 盘。

（8）点击 F9"窗口切换"，窗口切换到系统盘。

（9）点击 F5"备份"，可对数控机床的数据进行备份。

（10）根据缓存区域中的提示：是否备份选中的文件？（Y/N），选择"Y"，如图 3—5—6 所示。

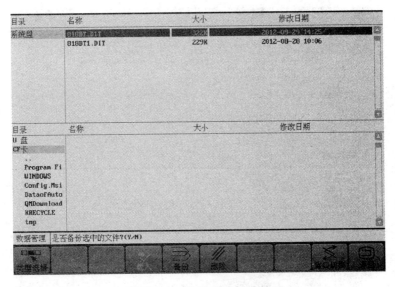

图 3—5—6　数据备份界面

2. 恢复步骤

（1）按照备份步骤中的1~8步进入数据备份界面，并选择要恢复的文件。

（2）点击F4"载入"，根据提示选择"Y"进行数据恢复操作。

二、CF 卡数据备份与恢复

工具：CF 卡。

机床：CKA6150 机床（华中 808 系统）。

1. 备份步骤

（1）将 CF 卡插到华中 808 系统背面的 CF 卡接口上，如图3—5—7 所示。

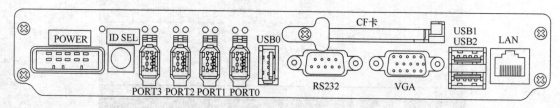

IPC单元的接口示意图

- POWER：电源接口
- ID SEL：设备号选择开关
- PORT0~3：NCUC总线接口
- USB0：USB1.1接口
- RS232：内部使用的串口
- VGA：内部使用的视频信号口
- USB1＆USB2：内部使用的USB2.0接口
- LAN：标准以太网接口

图 3—5—7 CF 卡接口

（2）按照 U 盘备份数据的1~10步进行数据备份，其中目录盘选择"CF 卡"，如图3—5—8 所示。

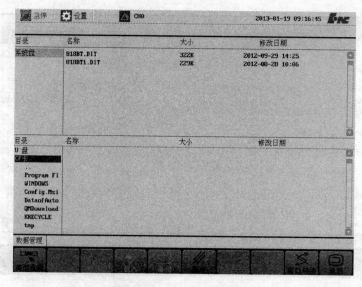

图 3—5—8 CF 卡备份界面

2. 恢复步骤

（1）按照 U 盘备份数据步骤中的 1～8 步进入数据备份界面，并选择要恢复的文件，目录盘选择"CF 卡"

（2）点击 F4"载入"，根据提示选择"Y"进行数据恢复操作。

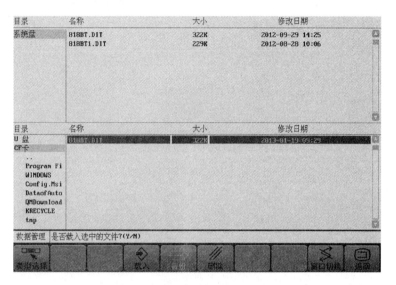

图 3—5—9　数据恢复选择界面

下 篇
数控机床的故障诊断与维修

模块四

主轴伺服系统的故障诊断与维修

【知识点】

1. 掌握主轴通用变频器的工作原理。

2. 掌握直流伺服主轴驱动系统的结构和原理。

3. 掌握交流伺服主轴驱动系统的结构和原理。

【技能点】

1. 了解报警信号的意义。

2. 能排除主轴伺服系统的常见故障。

任务一 主轴通用变频器

【任务导入】

1. 了解主轴变频器的过压报警现象。

2. 解决换刀时主轴出现转动的故障。

【任务描述】

为了保证驱动器的安全、可靠运行，在主轴伺服系统出现故障和异常情况时，设置了较多的保护功能，这些保护功能与主轴驱动器的故障检测与维修密切相关。当驱动器出现故障时，可以根据保护功能的情况，分析故障原因。

1. 接地保护

在伺服驱动器的输出线路以及主轴内部等出现对地短路时，可以通过快速熔断器切断电源，对驱动器进行保护。

2. 过载保护

当驱动器、负载超过额定值时，安装在内部的热开关或主回路的热继电器将动作，对过载进行保护。

3. 速度偏差过大报警

当由于某种原因，主轴的速度偏离了指定速度且达到一定的误差后，将产生报警，并进行保护。

4. 瞬时过电流报警

当驱动器中由于内部短路、输出短路等原因产生异常的大电流时，驱动器将发出报警并进行保护。

5. 速度检测回路断线或短路报警

当测速发电机出现信号断线或短路时，驱动器将产生报警并进行保护。

6. 超速报警或速度超过额定值报警

当检测出的主轴转速超过额定值的115%时，驱动器将产生报警并进行保护。

7. 励磁监控

如果主轴励磁电流过低或无励磁电流，为防止飞车，驱动器将产生报警并进行保护。

8. 短路保护

当主回路发生短路时，驱动器可以通过相应的快速熔断器进行保护。

9. 相序报警

当三相输入电源相序不正确或呈缺相状态时，驱动器将产生报警。

驱动器出现保护性的故障时（也称报警），首先通过驱动器自身的指示灯以报警的形式反映出内容，具体说明见表4—1—1。

表4—1—1　　　　　　　　驱动器报警说明

报警名称	报警时 LED 显示	动作内容
对地短路	对地短路故障	检测到变频器输出电路对地短路时动作（一般为 > 30 kW）。而对 <22 kW 变频器发生对地短路时，作为对电流保护动作。此功能只是保护变频器。为保护人身和防止火警事故等应采取另外的漏电保护继电器或漏电断路器等
过电压	加速时过电压	由于再生电流增加，使主电路直流电压达到过电压检出值（有些变频器为 DC800 V）时，保护动作。但是，如果由变频器输入侧错误地输入控制电路电压值时，将不能显示报警
	减速时过电流	
	恒速时过电流	
欠电压	欠电压	电源电压降低等使主电路直流电压低至欠电压检出值（DC400 V）以下时，保护功能动作。注意：当电压低至不能维持变频器控制电路电压值时，将不显示报警
电源缺相	电源缺相	连接的三相输入电源 L1/R、L2/S、L3/T 中缺任何一相时，变频器能在三相电压不平衡状态下运行，但可能造成某些器件（如主电路整流二极管和主滤波电容器）损坏，这种情况下，变频器会报警和停止运行
过热	散热片过热	如内部的冷却风扇发生故障，散热片温度上升，则产生保护动作
	变频器内部过热	如变频器内通风散热不良等，则其内部温度上升，保护动作
	制动电阻过热	当产生制动电阻且使用频率过高时，会使其温度上升，为防止制动电阻烧损（有时会有很大的爆响声），保护动作

续表

报警名称	报警时 LED 显示	动作内容
外部报警	外部报警	当控制电路端子连接控制单元、制动电阻、外部热继电器等外部设备的报警常闭触点时，按这些触点的信号动作
过载	电动机过负载	当电动机所拖动的负载过大，使通过电子热继电器的电流超过设定值时，按反时限性保护动作
	变频机过负载	此报警一般为变频器主电路半导体元件的温度保护，按变频器输出电流超过过载额定值时保护动作
通信错误	RS 通信错误	当通信时出错，则保护动作

【任务实施】

故障现象一：配套华中 8 系统的数控车床，主轴驱动器采用三菱公司的 E540 变频器，在加工过程中，变频器出现过压报警。

分析与处理：仔细观察机床故障产生的过程，发现故障总是在主轴启动、制动时发生，因此，可以初步确定故障的产生与变频器的加/减速时间设定有关。当加/减速时间设定不当时，如主轴启动/制动频繁或时间设定太短，变频器的加/减速无法在规定时间内完成，则通常容易产生过电压报警。

修改变频器参数，适当增加加/减速时间后，故障消除。

故障现象二：配套华中 8 系统的数控车床，开机时发现，当机床进行换刀动作时，主轴也随之转动。

分析与处理：由于该机床采用的是安川变频器控制主轴，主轴转速是通过系统输出的模拟电压控制的。根据以往经验，安川变频器对于输入信号的干扰比较敏感，因此初步确认故障原因与线路有关。

为了确认，再次检查了机床的主轴变频器、刀架控制的原理图与实际接线，可以判定在线路连接、控制上两者相互独立，不存在相互影响。

进一步检查变频器的输入模拟量，屏蔽电缆布线与屏蔽线连接，发现该电缆的布线位置与屏蔽线均不合理，将电缆重新布线并对屏蔽线进行重新连接后，故障消除。

【任务链接】

如图 4—1—1 所示为 MICROMASTER 420 型通用变频器，由微处理器控制，功率管为绝缘栅双极型晶体管（IGBT），主回路采用脉宽调制（PWM）控制。电源接线如图 4—1—2 所示，控制信号接线如图 4—1—3 所示。DIN1、DIN2 和 DIN3 分别是电动机的启动、正反转和确认控制端，通过常开触点与 +24 V 端连接，这些常开触点的闭合动作由 CNC 控制。CNC 输出 0 ~ +10 V 的模拟信号接到变频器的模拟量输入 AIN + 和 AIN − 端，CNC 输出的模拟信号的大小决定了主轴电动机的转速。

一、参数与故障诊断

变频器在使用之前，要通过变频器操作面板对电动机的额定功率、工作电压、工作电流、控制方式、最小频率、最大频率、斜坡上升和下降时间、V/f 控制，以及滑差补偿等参

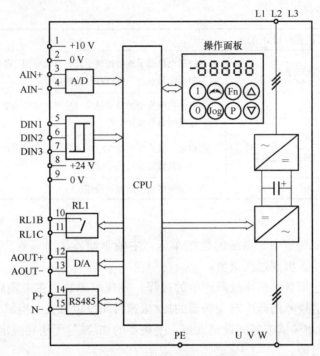

图 4—1—1　MICROMASTER 420 型变频器结构框图

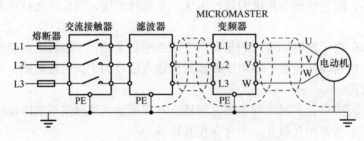

图 4—1—2　MICROMASTER 420 型变频器的电源接线

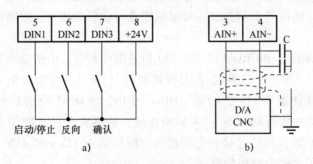

图 4—1—3　MICROMASTER 420 型变频器的控制信号接线

数进行设定，使电动机工作在较佳的状态。

　　当主轴电动机、变频器、电源发生故障或出现异常时，变频器显示板上的 LED 指示灯显示故障状态，同时变频器操作面板显示故障码，根据故障显示可以分析和查找故障原因。

表4—1—2和表4—1—1分别是MICROMASTER 420型变频器指示灯显示的故障表和驱动器报警说明。

表 4—1—2 　　　　　　　　　　　　**指示灯显示故障表**

LED 指示灯		优先级显示	变频器状态
绿色	黄色		
OFF	OFF	1	电源未接通
OFF	ON	8	除下列故障以外的其他变频器故障
ON	OFF	13	变频器正在运行
ON	ON	14	变频器准备运行就绪
OFF	闪光-R1	4	过流故障
闪光-R1	OFF	5	过压故障
闪光-R1	ON	7	电动机过热
ON	闪光-R1	8	变频器过热
闪光-R1	闪光-R1	9	电流极限报警（两个 LED 以相同的时间闪光）
闪光-R1	闪光-R1	11	其他故障报警（两个 LED 交替闪光）
闪光-R1	闪光-R2	6/10	欠压故障
闪光-R2	闪光-R1	12	变频器不在准备状态
闪光-R2	闪光-R2	2	ROM 故障（两个 LED 同时闪光）
闪光-R2	闪光-R2	3	RAM 故障（两个 LED 交替闪光）

注：R1：亮灯时间 900 ms；R2：亮灯时间 300 ms。

值得一提的是，目前通用变频器一般具有较好的可靠性，但是变频器本身是一个干扰源，因此对变频器的接线要考虑采取屏蔽措施，既要防止电源进线、外界干扰源对变频器的干扰，也要防止变频器对 CNC、伺服系统、机床其他电气设备的干扰。

二、通用变频器及处理

通用变频器常见故障及处理见表4—1—3。

表 4—1—3 　　　　　　　　　　　　**通用变频器常见故障及处理**

故障现象	发生时的工作状况	处理方法
电动机 不转	变频器输出端子 U、V、W 不能提供电源	电源是否已提供给端子
		运行命令是否有效
		RS（复位）功能或自由运行停车功能是否处于开启状态
	负载过重	电动机负载是否太重
	任选远程操作器被使用	确保其操作设定正确
电动机 反转	输出端子 U/T1、V/T2 和 W/T3 的连接是否正确	使得电动机的相序与端子连接相对应，通常来说：正转（FWD）＝U－V－W，反转（REV）＝U－W－V
	电动机正反转相序是否与 U/T1、V/T2 和 W/T3 相对应	
	控制端子（FW）和（RV）连线是否正确	端子（FW）用于正转，（RV）用于反转

故障现象	发生时的工作状况	处理方法
电动机转速 不能到达	如果使用模拟输入，电流或电压为"0"或"01"	检查连线
		检查电位器或信号发生器
	负载太重	减少负载
		重负载激活了过载限定
转动不稳定	负载波动过大	增加电动机容量（变频器及电动机）
	电源不稳定	解决电源问题
	该现象只是出现在某一特定频率下	稍微改变输出频率，使用调频设定将此频率跳过
过流	加速中过流	检查电动机是否短路或局部短路，输出线绝缘是否良好
		延长加速时间
		变频器配置不合理，增大变频器容量
		降低转矩，提升设定值
过流	恒速中过流	检查电动机是否短路或局部短路，输出线绝缘是否良好
		检查电动机是否堵转，机械负载是否有突变
		检查变频器容量是否太小，增大变频器容量
		检查电网电压是否有突变
过流	减速中或停车时过流	检查输出连线绝缘是否良好，电动机是否有短路现象
		延长减速时间
		更换容量较大的变频器
		直流制动量太大，减少直流制动量
		机械故障，送厂维修
短路	对地短路	检查电动机连线是否有短路
		检查输出线绝缘是否良好
		送修
过压	停车中过压	延长减速时间，或加装刹车电阻 改善电网电压，检查是否有突变电压产生
	加速中过压	
	恒速中过压	
	减速中过压	
低压		检查输入电压是否正常
		检查负载是否有突变
		检查是否缺相
变频器过热		检查风扇是否堵转，散热片是否有异物
		检查环境温度是否正常
		检查通风空间是否足够，空气是否能对流

续表

故障现象	发生时的工作状况	处理方法
变频器过载	连续超负载150%达1min	检查变频器容量是否过少，是则加大容量
		检查机械负载是否有卡死现象
		V/F曲线设定不良，重新设定
电动机过载	连续超负载150%达1min	检查机械负载是否有突变
		电动机配用太小
		电动机发热绝缘变差
		检查电压是否波动较大
		检查是否存在缺相
		机械负载增大
电动机过转矩		检查机械负载是否有波动
		检查电动机配置是否偏小

关于表4—1—3的情况说明如下：

1. 电源电压过高

变频器一般允许电源电压向上波动的范围是+10%，超过此范围时，就进行保护。

2. 降速过快

如果将减速时间设定的太短，在产生制动过程中，制动电阻来不及将能量放掉，致使直流回路电压过高，形成高电压。

3. 电源电压低

电源电压低于额定值电压10%。

4. 过电流分类

（1）非短路性过电流。可能发生在严重过载或加速过快。

（2）短路性过电流。可能发生在负载侧短路或负载侧接地。例如，如果变频器逆变桥同一桥臂的上、下两晶体管同时导通，形成"直通"。因为变频器在运行时，同一桥臂的上、下两晶体管总是处于交替接通状态，在交替导通的过程中，必须保证只有在一只晶体管完全截止后，另一只晶体管才能开始导通。如果由于某种原因，如环境温度过高等，使器件参数发生漂移，就可能导致直通。

任务二　直流伺服主轴驱动系统

【任务导入】

1. 电动机转速异常的故障诊断。

2. 直流伺服主轴驱动系统产生过流报警的原因及排除方法。

3. 主轴加减速时工作不稳定的排除方法。

【任务描述】

尽管直流伺服主轴驱动系统目前已应用不多，逐步为交流主轴驱动系统取代，但现有系统的维修还有不少，在此也总结它的故障特点。

1. 电动机转速异常

出现该问题后要先对机械传动机构进行检查，确保机床动作无异常；排除机械传动系统变速机构原因后，再对主轴驱动器的电缆连接、主轴驱动器的状态指示灯等进行检查，再分析主轴驱动器是否出现问题。此外，主轴电动机转速不正常也可能是由于机床控制柜中位置控制板输出信号稳定性差所导致的。如上述问题均可排除，也可以再进一步查看控制板。

这类故障的可能原因、检查步骤和排除措施见表4—2—1。

表4—2—1　　　　　　　　　　主轴速度不正常或不稳定的故障综述

可能原因	检查步骤	排除措施
电动机负载过重		重新考虑负载条件，减轻负载
速度指令电压不良或错误	测量从数控装置主轴接口输出过来的信号	确保主轴控制信号正常
D/A变换器故障		
反馈线断线或不良	测量反馈信号	确保接线正确
反馈装置损坏		更换反馈装置
电动机故障，如励磁丧失等	采用交换法，可以判断是否出了故障	更换电动机
驱动器故障		更换驱动器
误差放大器故障		更换误差放大器
印制电路板太脏	打开驱动器，定期清洁电路板	清洁印制电路板

2. 发生过流报警

这类故障的可能原因、检查步骤和排除措施见表4—2—2。

表4—2—2　　　　　　　　　　主轴过流报警综述

可能原因	检查步骤	排除措施
驱动器电流极限设定错误	检查设定参数	依照参数说明书，设置好参数
主轴负载过大，或机械故障	检查是否机械卡住，在停机状态下用手盘主轴，应该非常灵活	确保主轴无机械异常，如果负载过大，重新考虑机床负载条件
长时间切削条件恶劣		调整切削参数，改善切削条件
直流主轴电动机的线圈电阻不正常，换向器太脏	检查直流主轴电动机的线圈电阻是否正常，换向器是否太脏	确保电阻正常，用干燥的压缩空气吹干净
动力线连接不牢固	检查动力线是否连接牢固	拧紧动力线
励磁线连接不牢固	检查励磁线连接是否牢固	拧紧励磁线
驱动器的控制励磁电源存在故障	也就是检查励磁电压是否正常	
电动机故障，如电枢线圈内部存在局部短路	采用交换法，可判断出它们是否有故障	更换电动机
驱动器故障，如同步触发脉冲不正确		更换驱动器

【任务实施】

故障现象一：一台配套华中 8 系统的卧式加工中心，在加工过程中，主轴运行突然停止，驱动器显示 AL-12 报警。

分析与处理：直流主轴驱动器出现 12 号报警的含义是"直流母线过电流"，故障可能的原因如下：

1. 电动机输出端或电动机绕组局部短路。

2. 逆变功率晶体管不良。

3. 驱动器控制板故障。

根据以上原因，维修时进行了仔细检查。确认电动机输出端、电动机绕组无局部短路。然后断开驱动器（机床）电源，检查了逆变晶体管组件。通过打开驱动器，拆下电动机电枢线，用万用表检查逆变晶体管组件的集电极（C1、C2）和发射极（E1、E2）、基极（B1、B2）之间，以及基极（B1、B2）和发射极（E1、E2）之间的电阻值，与正常值比较，检查发现 C1-E1 之间短路，即晶体管组件已损坏。

故障现象二：主轴加减速工作不正常，电动机速度达到一定值就上不去了。

分析与处理：其可能原因见表 4—2—3。

表 4—2—3　　　　　　　　　　主轴加减速工作不正常原因表

可能原因	检查步骤	排除措施
电动机加减速电流预先设定、调整不当	查看相关参数项是否正常	正确设置参数
加减速回路时间常数设定不当		
反馈信号不良	在可以在不通电的情况下，手转动主轴，测量反馈信号是否与主轴转动的速度成比例	如果反馈装置故障，则更换反馈装置；如果反馈回路故障（如接线错误），则排查相应故障
电动机/负载间的惯量不匹配		重新校核负载
机械传动系统不良		

【任务链接】

一、直流伺服主轴驱动系统的特点

1. 调速范围宽

采用直流伺服主轴驱动系统的数控机床通常只设置高、低两级速度的机械变速机构，就能得到全部的主轴变换速度，实现无级变速，因此，它具有较宽的调速范围。

2. 全封闭的结构形式

直流主轴通常采用全封闭的结构形式，可以在有尘埃和切削液飞溅的工业环境中使用。

3. 特殊的热管冷却系统

主轴电动机通常采用特殊的热管冷却系统，能将转子产生的热量迅速向外界发散。此外，为了使发热最小，定子往往采用独特附加磁极，以减小损耗，提高效率。

4. 直流主轴驱动器主回路一般采用晶闸管三相全波整流，以实现四象限的运行。

5. 主轴控制性能好

为了便于与数控系统的配合，主轴伺服器一般都带有 D/A 转换器、"使能" 信号输入、"准备好" 输出、输出、转速/转矩显示输出等信号接口。

6. 纯电气主轴定向准停控制功能

无须机械定位装置，进一步缩短了定位时间。

二、直流伺服主轴驱动系统使用注意点和日常维护

1. 安装注意事项

主轴伺服系统对安装有较高的要求，这些要求是保证驱动器正常工作的前提条件，在维修时必须引起注意。

（1）安装驱动器的电柜必须密封。为了防止电柜内温度过高，电柜设计时应将温升控制在15℃以下。电柜的外部空气引入口，应设置过滤器，并防止从排气口进入尘埃或烟雾；电缆出入口、柜门等部分应进行密封，冷却电扇不要直接吹向驱动器，以免粉尘附着。

（2）维修完成后，进行重新安装时，要遵循下列原则：

1）安装面要平，且有足够的刚度。

2）电刷应定期维修及更换，安装位置应尽可能使其容易检修。

3）冷却进风口的进风要充分，安装位置要尽可能使冷却部分容易检修。

4）应安装在灰尘少、湿度不高的场所，环境温度应在40℃以下。

5）应安装在切削液和油不能直接溅到的位置上。

2. 使用检查

（1）伺服系统启动前的检查

1）检查伺服单元和电动机的信号线、动力线等的连接是否正常、是否松动，以及绝缘是否良好。

2）检查强电柜和电动机是否可靠接地。

3）检查电动机的电刷是否安装牢靠，电动机安装螺栓是否完全拧紧。

（2）使用时的检查

1）检查速度指令与转速是否一致，负载指示是否正常。

2）检查是否有异常声音和异常振动。

3）检查轴承温度是否急剧上升。

4）检查电刷上是否有显著的火花发生痕迹。

3. 对于工作正常的主轴驱动系统，应进行如下日常维护：

（1）电柜的空气过滤器每月应清扫一次。

（2）电柜及驱动器的冷却风扇应定期检查。

（3）建议操作人员每天都应注意主轴的旋转速度、异常振动、异常声音、通风状态、轴承温度、外表温度和异常臭味。

（4）建议使用单位维护人员，每月应对电刷、换向器进行检查。

（5）建议使用单位维护人员，每半年对测速发电机、轴承、热管冷却部分、绝缘电阻进行检测。

任务三　交流伺服主轴驱动系统

【任务导入】

1. 主轴无转动的故障排除。

2. 主轴电动机转速超过额定值的原因分析。

3. 主轴噪声异常的故障排除。

4. 主轴出现过载报警。

5. 主轴不能变速的故障排除方法。

【任务描述】

交流伺服主轴驱动系统通常采用感应电动机作为驱动电动机，由伺服驱动器实施控制，有速度开环或闭环控制方式。也有采用永磁同步电动机作为驱动电动机，由伺服驱动器实现速度环的矢量控制，具有快速的动态响应特性，但其恒功率调速范围较小。

与直流伺服主轴驱动系统一样，交流伺服主轴驱动系统也有模拟式和数字式两种型式，交流伺服主轴驱动系统与直流伺服主轴驱动系统相比，具有如下特点：

（1）由于驱动系统必须采用微处理器和现代控制理论进行控制，因此其运行平稳，振动和噪声小。

（2）驱动系统一般都具有再生制动功能，在制动时，即可将能量反馈回电网，起到节能的效果，又可以加快启动、制动速度。

（3）特别是对于全数字式主轴驱动系统，驱动器可直接使用CNC的数字量输出信号进行控制，不需要经过D/A转换，转速控制精度得到了提高。

（4）在数字式主轴驱动系统中，还可采用参数设定方法对系统进行静态调整与动态优化，系统设定灵活、调整准确。

（5）由于交流主轴无换向器，主轴通常不需要进行维修。

（6）主轴转速的提高不受换向器的限制，最高转速通常比直流主轴更高，可达到数万转。

【任务实施】

故障现象一：主轴不能转动，且无任何报警显示。

分析与处理：产生此故障的可能原因及排除方法见表4—3—1。

表4—3—1　　　　主轴不能转动且无任何报警显示的故障综述

可能原因	检查步骤	排除措施
机械负载过大		尽量减轻机械负载
主轴与电动机连接皮带过松	在停机的状态下，查看皮带的松紧程度	调整皮带

续表

可能原因	检查步骤	排除措施
主轴中的拉杆未拉紧夹持刀具的拉钉（在车床上就是卡盘未夹紧工件）	有的机床会设置敏感元件的反馈信号，检查此反馈信号是否到位	重新装夹好刀具或工件
系统处在急停状态	检查主轴单元的主交流接触器是否吸合	检查无误后，松开急停
机械准备好信号断路		排查机械准备好信号电路
主轴动力线断线	用万用表测量动力线电压	确保电源输入正常
电源缺相		
正反转信号同时输入	利用PLC监查功能查看相应信号	
无正反转信号	通过PLC监视画面，观察正反转指示信号是否发出	一般为数控装置的输出有问题，排查系统的主轴信号输出端子
没有速度控制信号输出	测量输出的信号是否正常	
使能信号没有接通	通过CRT观察I/O状态，分析机床PLC梯形图（或流程图），以确定主轴的启动条件，如润滑、冷却等是否满足	检查外部启动的条件是否符合
主轴驱动装置故障	有条件的话，利用交换法，确定是否有故障	更换主轴驱动装置
主轴电动机故障		更换电动机

故障现象二：速度偏差过大。

分析与处理：速度偏差过大指的是主轴电动机的实际速度与指令速度的误差值超过允许值，一般是启动时电动机没有转动或速度上不去引起此故障的原因见表4—3—2。

表4—3—2　　　速度偏差过大报警综述

可能原因	检查步骤	排除措施
反馈连线不良	不启动主轴，用手扳动主轴，使主轴电动机以较快速度转起来，估计电动机的实际速度，监视反馈的实际转速	确保反馈连线正确
反馈装置故障		更换反馈装置
动力线连接不正常	用万用表或兆欧表检查电动机或动力线是否正常（包括相序不正常）	确保动力线连接正常
动力电压不正常		确保动力线电压正常
机床切削负荷太重，切削条件恶劣		重新考虑负载条件，减轻负载，调整切削参数
机械传动系统不良		改善机械传动系统条件
制动器未松开	查明制动器未松开的原因	确保制动电路正常
驱动器故障	利用交换法，判断是否有故障	更换出错单元
电流调节器控制板故障		
电动机故障		

故障现象三：主轴振动或噪声过大。

分析与处理：首先要区别正常噪声和异常噪声，以及振动发生在主轴机械部分还是电气驱动部分。

1. 若在减速过程中发生，一般是由驱动装置造成的，如交流驱动中的再生回路故障。

2. 若在恒转速时产生，可观察主轴停车过程中是否有噪声和振动，如存在，则主轴机械部分有问题。

3. 检查振动周期是否与转速有关，如无关，一般是主轴驱动装置未调整好；如有关，应检查主轴机械部分是否良好，测速装置是否不良。

造成这类故障的原因见表4—3—3。

表4—3—3　　　　　　　　　　主轴振动或噪声过大的故障综述

故障部位	可能原因	检查步骤	排除措施
电气部分故障	系统电源缺相、相序不正确或电压不正常	测量输入的系统电源	确保电源正确
	反馈不正确	测量反馈信号	确保接线正确，且反馈装置正常
	驱动器异常，如增益调整电路的调整不当		根据参数说明书，设置好相关参数
	三相输入的相序不对	用万用表测量输入电源	确保电源正确
机械部分故障	主轴负荷过大		重新考虑负载条件，减轻负载
	润滑不良	检查是否缺润滑油	加注润滑油
		检查润滑电路或电动机是否故障	检修润滑电路
		检查是否漏润滑油	更换润滑导油管
	主轴与主轴电动机的连接皮带过紧	在停机的情况下，检查皮带松紧程度	调整皮带
	轴承故障、主轴和主轴电动机之间离合器故障	目测，可判断这个机械连接是否正常	调整轴承
	轴承拉毛或损坏	可拆开相关机械结构后目测	更换轴承
	齿轮有严重损伤		更换齿轮
	主轴部件上动平衡不好（从最高速度向下时发生此故障）	当主轴电动机达到最高速度时，关掉电源，检查惯性运转时是否仍有声音	校核主轴部件上的动平衡条件，调整机械部分
	轴承预紧力不够或预紧螺钉松动		调紧预紧螺钉
	游隙过大或齿轮啮合间隙过大		调整机床间隙

故障现象四：系统出现过载报警。

分析与处理：切削用量过大，频繁正、反转等均可引起过载报警，具体表现为主轴过热、主轴驱动装置显示过电流报警等。造成此故障的可能原因、检查步骤和排除措施见表4—3—4。

表4—3—4　　　　　　　　　　　　过载报警综述

出现故障时间	可能原因	检查步骤	排除措施
长时间开机后出现此故障	负载太大	检查机械负载	调整切削参数，改善切削条件，减轻负载
	频繁正、反转		减少频繁正、反转次数
开机后即出现此报警	热控开关坏了	用万用表测量相应管脚	更换热控开关
	控制板有故障	用交换法判断是否有故障	如有故障，更换控制板

故障现象五：主轴不能进行变速。

分析与处理：造成此故障的可能原因、检查步骤和排除措施见表4—3—5。

表4—3—5　　　　　　　　　主轴不能进行变速的故障综述

可能原因	检查步骤	排除措施
CNC参数设置不当	检查有关主轴的参数	依照参数说明书，正确设置参数
加工程序编程错误	检查加工程序	正确使用控制主轴的 M03、M04、S 指令
D/A转换电路故障	用交换法判断是否有故障	更换相应电路板
主轴驱动器速度模拟量输入电路故障	测量相应信号，检查是否有输出且是否正常	更换指令发送口或更换数控装置

【任务链接】

交流伺服主轴驱动系统维护：为了使交流主轴伺服驱动系统长期、可靠、连续运行，防患于未然，应进行日常检查和定期检查。

1. 日常检查

通电和运行时不去除外盖，从外部目检变频器的运行，确认没有异常情况。通常检查以下各点：

（1）运行性能是否符合标准规范。

（2）周围环境是否符合标准规范。

（3）键盘面板显示是否正常。

（4）是否有异常的噪声、振动和气味。

（5）是否有过热或变色等异常情况。

2. 定期检查

定期检查时，应注意以下几点。

(1) 维护检查时，务必先切断输入变频器（R、S、T）的电源。

(2) 确定变频器电源切断，显示消失后，等到内部高压指示灯熄灭后，方可实施维护、检查。

(3) 在检查过程中，绝对不可以将内部电源及线材、排线拔起及误配，否则会造成变频器不工作或损坏。

(4) 安装时螺钉等配件不可留在变频器内部，以免造成电路板短路。

(5) 安装后保持变频器干净，避免尘埃、油雾、湿气侵入。

特别注意：

* 即使断开变频器的供电电源后，滤波电容器上仍有充电电压，放电需要一定时间。为避免危险，必须等待充电指示灯熄灭，并用万用表测试，确认此电压低于安全值（≤DC 25 V），才能开始检查作业。

* 对于≤22 kW 变频器，断开电源后经过 5 min，对≥30 kW 变频器，断开电源后经过 10 min，并确认充电指示器熄灭，测量端子 P—N 间直流电压低于 25 V，才能开始开盖检查作业。

* 非专业维修人员不能进行检查和更换部件等操作（作业时应取下手表和戒指等金属物品，并使用带绝缘的工具）。

* 防止电动机和设备事故。

表 4—3—6　　　　　　　　　　　　　检查一览表

检查部分	检查项目	检查方法	判断标准
周围环境	1）确认环境温度、湿度、振动，周围有无灰尘、气体、油雾、水等 2）确认周围没有放置工具等异物和危险品	1）目测和仪器测量 2）依据目视	1）符合技术规范 2）不能放置
电压	检查主电路、控制电路电压是否正常	用万用表等测量	符合技术规范
键盘显示面板	1）显示是否清楚 2）是否缺少字符	1）、2）均用目测	需要时都能显示，没有异常
框架盖板等结构	1）是否有异常声音，异常振动 2）螺栓等（紧固件）是否松动 3）是否变形损坏 4）是否由于过热而变色 5）是否沾着灰尘、污损	1）依据目视、听觉 2）拧紧 3）、4）、5）依据目视	1）、2）、3）、4）、5）没有异常

检查部分		检查项目	检查方法	判断标准
主电路	公用	1）螺栓等是否松动和脱落 2）机器、绝缘体是否有变形、裂纹、破损或由于过热和老化而变色 3）是否附着污损、灰尘	1）拧紧 2）、3）依据目视	1）、2）、3）没有异常 注意铜排变色不表示特性有问题
	导体导线	1）导体是否由于过热而变色和变形 2）电线护层是否破裂和变色	1）、2）依据目测	1）、2）没有异常
	端子排	是否有损伤	依据目测	没有损伤
	滤波电容器	1）是否有漏液、变色、裂纹和外壳膨胀 2）安全阀是否出来，阀体是否有显著膨胀 3）按照需要测量静电容量	1）、2）依据目测 3）根据维护信息判断寿命或用静电容量测量电容量	1）、2）没有异常 3）静电容量≥初始值×0.85
	电阻器	1）是否由于过热产生异味和绝缘体开裂 2）是否有断线	1）依据嗅觉或目视 2）依据目视或卸开一端的连接，用万用表测量	1）没有异常 2）电阻值在±10%标称值以内
	变压器、电抗器	是否有异常的振动声和异味	依据听觉、目视、嗅觉	没有异常
	电磁接触器	1）工作时是否有振动声音 2）接触点接触是否良好	1）依据听觉 2）依据目视	1）、2）没有异常
控制电路	控制印刷电路板连接器	1）螺钉和连接器是否有松动 2）是否有异味和变色 3）是否有裂缝、破损、变形、显著锈蚀 4）电容器是否有漏液和变形痕迹	1）拧紧 2）依据嗅觉或目视 3）依据目视 4）目视并根据维护信息判断寿命	1）、2）、3）、4）没有异常
冷却系统	冷却风扇	1）是否有异常声音振动 2）螺栓等是否有松动 3）是否由于过热而变色	1）依据听觉、视觉或用手转一下 2）拧紧 3）依据目视，并按维护信息判断寿命	平稳旋转 2）、3）没有异常
	通风道	散热片和进气、排气口是否有堵塞和附着异物	依据目视	没有异常

模块五

进给系统的故障诊断与维修

【知识点】

1. 掌握进给驱动系统的工作原理。

2. 掌握直流进给伺服系统的结构和原理。

3. 掌握交流进给伺服系统的结构和原理。

4. 掌握位置检测反馈系统的工作原理和故障排除方法。

【技能点】

1. 了解报警信号的意义和故障诊断方法。

2. 能排除进给系统的常见故障。

任务一　进给驱动系统

【任务导入】

1. 能排除常见的进给驱动装置故障。

2. 能分析传动系统定位精度不稳定的原因。

3. 能解决参考点定位误差过大的问题。

4. 能排除螺纹加工时乱牙的现象。

【任务描述】

数控机床的进给驱动系统是一种位置随动与定位系统，它的作用是快速、准确地执行由数控系统发出的运动命令，精确地控制机床进给传动链的坐标运动。它的性能决定了数控机床的许多性能，如最高移动速度、轮廓跟随精度、定位精度等。

1. 调速范围要宽

调速范围 r_n 是指进给电动机提供的最低转速 n_{min} 和最高转速 n_{max} 之比，即：$r_n = n_{min}/n_{max}$。

在各种数控机床中，由于加工用刀具、被加工材料、主轴转速以及零件加工工艺要求的不同，为保证在任何情况下都能得到最佳切削条件，就要求进给驱动系统必须具有足够宽的无级调速范围（通常大于 $1:10\ 000$）。尤其在低速（如 <0.1 r/min）时，要仍能平滑运动而无爬行现象。

脉冲当量为 1 μm/脉冲情况下，最先进的数控机床的进给速度从 $0\sim240$ m/min 连续可调。但对于一般的数控机床，要求进给驱动系统在 $0\sim24$ m/min 进给速度下工作就足够了。

2. 定位精度要高

使用数控机床主要是为了保证加工质量的稳定性、一致性，减少废品率，解决复杂曲面零件的加工问题，解决复杂零件的加工精度问题，缩短制造周期等。数控机床是按预定的程序自动进行加工的，避免了操作者的人为误差，但是，它不可能应付事先没有预料到的情况。就是说，数控机床不能像普通机床那样，可随时用手动操作来调整和补偿各种因素对加工精度的影响。因此，要求进给驱动系统具有较好的静态特性和较高的刚度，从而达到较高的定位精度，以保证机床具有较小的定位误差与重复定位误差（目前进给伺服系统的分辨率可达 1 μm 或 0.1 μm，甚至 0.01 μm）；同时进给驱动系统还要具有较好的动态性能，以保证机床具有较高的轮廓跟随精度。

3. 快速响应，无超调

为了提高生产率和保证加工质量，除了要求进给系统有较高的定位精度外，还要求有良好的快速响应特性，即要求跟踪指令信号的响应要快。一方面，在启动、制动时，要求加速度、减速度足够大，以缩短进给系统的过渡过程时间，减小轮廓过渡误差。一般电动机的速度从零变到最高转速，或从最高转速降至零的时间在 200 ms 以内，甚至小于几十毫秒。这就要求进给系统要快速响应，但又不能超调，否则将形成过切，影响加工质量。另一方面，当负载突变时，要求速度的恢复时间也要短，且不能有振荡，这样才能得到光滑的加工表面。

进给电动机必须具有较小的转动惯量和较大的制动转矩，尽可能小的时间常数和启动电压，以及 $4\ 000$ r/s^2 以上的加速度。

4. 低速大转矩，过载能力强

数控机床要求进给驱动系统有非常宽的调速范围，例如在加工曲线和曲面时，拐角位置某轴的速度会逐渐降至零。这就要求进给驱动系统在低速时保持恒力矩输出，无爬行现象，并且具有长时间内较强的过载能力，和频繁的启动、反转、制动能力。一般，伺服驱动器具有数分钟甚至半小时内 1.5 倍以上的过载能力，在短时间内可以过载 $4\sim6$ 倍而不损坏。

5. 可靠性高

数控机床，特别是自动生产线上的设备要求具有长时间连续稳定工作的能力，同时数控机床的维护、维修也较复杂，因此，要求数控机床的进给驱动系统可靠性高、工作稳定性好，具有较强的温度、湿度、振动等环境适应能力，具有很强的抗干扰的能力。

【任务实施】

故障现象一：加工大导程螺纹时，出现堵转现象。

故障诊断和处理：开环控制的数控机床 CNC 装置的脉冲当量一般为 0.01 mm，Z 坐标轴 G00 指令速度一般为 $2\ 000\sim3\ 000$ mm/min。开环控制的数控车床的主轴结构一般有两类：

一类是由普通车床改造的数控车床，主轴的机械结构不变，仍然保持换挡有级调速；另一类是采用通用变频器控制数控车床主轴实现无级调速。这种主轴无级调速的数控车床在进行大导程螺纹加工时，进给轴会产生堵转，这是高速低转矩特性造成的。

如果主轴无级调速的数控车床加工 10 mm 导程的螺纹时，主轴转速选择 300 r/min，那么刀架沿 Z 坐标轴需要用 3 000 mm/min 的进给速度配合加工，Z 坐标轴步进电动机的转速和负载转矩是无法达到这个要求的，因此，会出现堵转现象。如果将主轴转速降低，刀架沿 Z 坐标轴加工的速度减慢，Z 坐标轴步进电动机的转矩增大，螺纹加工的问题似乎可以得到改善，然而由于主轴采用通用变频器调速，使得主轴在低速运行时转矩变小，主轴会产生堵转。

对于主轴保持换挡变速的开环控制的数控车床，在加工大导程螺纹时，主轴可以低速正常运行，大导程螺纹加工的问题可以得到改善，但是光洁度受到影响。如果在加工过程中，切削进给量过大，也会出现 Z 坐标轴堵转现象。

故障现象二：步进电动机驱动单元的常见故障——功率管损坏。

故障诊断和处理：

步进电动机驱动单元的常见故障为功率管损坏。功率管损坏的原因主要是功率管过热或过流。要重点检查提供功率管的电压是否过高，功率管散热环境是否良好，步进电动机驱动单元与步进电动机的连线是否可靠，有没有短路现象等，如有故障要逐一排除。

为了改善步进电动机的高频特性，步进电动机驱动单元一般采用大于 80 V 交流电压供电（以前有 50 V），经过整流后，功率管上承受较高的直流工作电压。如果步进电动机驱动单元接入的电压波动范围较大或者有电气干扰、散热环境不良等原因，就可能引起功率管损坏。对于开环控制的数控机床，重要的指标是可靠性。因此，可以适当降低步进电动机驱动单元的输入电压，以换取步进电动机驱动器的稳定性和可靠性。

故障现象三：经济型数控机床的启动、停车影响工件的精度。

故障诊断和处理：步进电动机旋转时，其绕组线圈的通、断电是有一定顺序的。以一个五相十拍步进电动机为例，启动时，A 相线圈通电，然后各相线圈按照 A→AB→B→BC→C→CD→D→DE→E→EA→A 所示顺序通电。称 A 相为初始相，因为每次重新通电的时候，总是 A 相处于通电状态。当步进电动机旋转一段时间后，通电的状态是其中的某个状态。这时机床断电停止运行时，步进电动机在该状态结束。当机床再次启动通电工作时，步进电动机又从 A 相开始，与前次结束不一定是同相，这两个不同的状态会导致偏转若干个步距角，工作台的位置产生偏差，CNC 对此偏差是无法进行补偿的。

数控机床在批量加工零件时，如果因换班断电停车或者有其他原因断电停车更换加工零件，根据上述的原因，这时所加工的零件尺寸会有偏差。这个问题可以通过检测步进电动机驱动单元的初始相信号，使机床在初始相处断电停车来解决。另一种解决方法是在数控机床上安装机床回参考点。

故障现象四：配套华中 8 系统的数控车床，在 G32 车螺纹时，出现起始段螺纹乱牙的故障。

分析与处理：数控车床加工螺纹，其实质是主轴的角位移与 Z 轴进给之间进行的插补，"乱牙"是由于主轴与 Z 轴进给不能实现同步引起的。

由于该机床使用变频器作为主轴调速装置，主轴速度为开环控制，在不同的负载下，主轴的启动时间不同，且启动时的主轴速度不稳，转速亦有相应的变化，导致了主轴与 Z 轴进给不能实现同步。

解决以上故障的方法有如下两种：

1. 在主轴旋转指令（M03）后、螺纹加工指令（G32）前增加 G04 延时指令，保证在主轴速度稳定后，再开始螺纹加工。

2. 更改螺纹加工程序的起始点，使其离开工件一段距离，保证在主轴速度稳定后，再真正接触工件，开始螺纹的加工。

通过采用以上任何一种方法都可以解决该故障，实现正常的螺纹加工。

【任务链接】

简单来说，步进驱动系统包括步进电动机和步进驱动器。步进电动机流行于 20 世纪 70 年代，该系统结构简单、控制容易、维修方便，且控制为全数字化；是一种能将数字脉冲转化成一个步距角增量的电磁执行元件；能很方便地将电脉冲转换为角位移，具有较好的定位精度，无漂移和无积累定位误差，能跟踪一定频率范围的脉冲列，可作同步电动机使用。随着计算机技术的发展，除功率驱动电路之外，其他部分均可由软件实现，从而进一步简化结构。

但是，由于步进电动机基本上是用开环系统，精度不高，不能应用于中高档数控机床，而且步进电动机耗能大，速度低（远不如交、直流电动机）。因此，目前步进电动机仅用于小容量、低速、精度要求不高的场合，如经济型数控机床，打印机、绘图机等计算机的外部设备。

步进电动机是将电脉冲信号转换为相应的角位移或直线位移的一种特殊电动机。每输入一个电脉冲信号，电动机就转动一个角度，它的运动形式是步进式的，所以称为步进电动机。又由于它输入的是脉冲电流所以也叫脉冲电动机。

步进电动机按转矩产生的原理可分为反应式步进电动机、永磁式步进电动机及混合式步进电动机；从控制绕组数量上可分为二相步进电动机、三相步进电动机、四相步进电动机、五相步进电动机、六相步进电动机；从电流的极性上可分为单极性步进电动机和双极性步进电动机；从运动的型式上可分为旋转步进电动机、直线步进电动机、平面步进电动机。

任务二　进给伺服系统

【任务导入】

1. 在 CRT 上有报警显示的故障排除。

2. 无报警信息的故障排除。

【任务描述】

当进给伺服系统出现故障时，通常有三种表现方式：

1. 在 CRT 或操作面板上显示报警内容和报警信息，它是利用软件的诊断程序来实现的。

2. 利用进给伺服驱动单元上的硬件（如报警灯或数码管指示、保险丝熔断等）显示报警驱动单元的故障信息。

3. 进给运动不正常，但无任何报警信息。

其中，前两类故障都可根据生产厂家或公司提供的产品维修说明书中有关"各种报警信息产生的可能原因"的提示进行分析判断，一般都能确诊故障原因、部位。对于第三类故障，则需要进行综合分析，这类故障往往是以机床上工作不正常的形式出现的，如机床失控、机床振动及工件加工质量太差等。

伺服系统的故障诊断，虽然由于伺服驱动系统生产厂家的不同，在具体做法上可能有所区别，但其基本检查方法与诊断原理却是一致的。诊断伺服系统的故障，一般可利用状态指示灯诊断法、数控系统报警显示的诊断法、系统诊断信号的检查法、原理分析法等。

【任务实施】

故障现象一：超速报警

分析与处理：超过速度控制范围（一般 CRT 上有超速的提示），速度控制单元超速的故障原因、检查步骤及排除措施见表 5—2—1。

表 5—2—1　　　　　　　　　　　　超速的报警及处理

故障原因	检查步骤	排除措施
测速反馈连接错误	用万用表测量各端子极性	按相应端子连接好反馈线
检测信号不正确或无速度与位置检测信号	检查联轴器与工作台的连接是否良好	正确连接工作台与联轴器
速度控制单元参数设定不当或设置过低	检查相应参数是否不当，如加减速结束时间常数设置过小	重新设置参数
位置控制板发生故障	检查来自 F/V 转速的速度反馈信号输入到速度控制单元工作是否正常	更换位置控制板或驱动器

故障现象二：过载报警

分析与处理：当进给运动的负载过大，频繁正、反向运动以及进给传动链润滑状态不良时，均会引起过载的故障。一般会在 CRT 上显示伺服电动机过载、过热或过流等报警信息。同时，在强电柜中的进给驱动单元上，用指示灯或数码管提示驱动单元过载、过电流等信息。过载故障的可能原因、检查步骤及排除措施见表 5—2—2。

表 5—2—2　　　　　　　　　　　过载故障的可能原因及排除措施

可能原因	检查步骤	排除措施
机床负荷异常	用检查电动机电流来判断	需要变更切削条件，减轻机床负荷
参数设定错误	检查设置电动机过载的参数是否正确	依据参数说明书，正确设置参数
启动扭矩超过最大扭矩	目测启动或带有负载情况下的工作状况	采用减电流启动的方式，或直接采用启动扭矩小的驱动系统
负载有冲击现象		改善切削条件，减少冲击
频繁正、反向运动	目测工作过程中是否有频繁正、反向运动	编制数控加工程序时，尽量不要有这种现象

续表

可能原因	检查步骤	排除措施
进给传动链润滑状态不良	听工作时的声音，观察工作状态	做好机床的润滑，确保润滑的电动机工作正常并且润滑油足够
编码器等反馈装置配线异常	检查其连接的通断情况或是否有信号线接反的状况	确保电动机和位置反馈装置配线正常
编码器有故障	测量编码器等的反馈信号是否正常	更换编码器等反馈装置
驱动器有故障	用更换法，判断驱动器是否有故障	更换驱动器

故障现象三：剧烈振荡，无报警

故障现象：配置华中 8 系统的数控车床，开机后，只要 Z 轴一移动，就出现剧烈振荡，CNC 无报警，机床无法正常工作。

分析与处理过程：经仔细观察、检查，发现该机床的 Z 轴在小范围（约 2.5mm 以内）移动时，工作正常，运动平稳无振动，但一旦超过以上范围，机床即发生激烈振动。

根据这一现象分析，系统的位置控制部分及伺服驱动器本身应无故障，初步判定故障在位置检测器件，即脉冲编码器上。

考虑到机床为半闭环结构，维修时通过更换进行了确认，判定故障是由于脉冲编码器的不良引起的。

为了深入了解引起故障的根本原因，维修时作了以下分析与试验：

1. 在伺服驱动器主回路断电的情况下，手动转动轴，检查系统显示，发现无论正转、反转，系统显示器上都能够正确显示实际位置值，表明位置编码器的 A、B、–A、–B 信号输出正确。

2. 由于本机床 Z 轴丝杠螺距为 5mm，只要 Z 轴移动 2 mm 左右即发生振动，因此，故障原因可能与转子的实际位置有关，即脉冲编码器的转子位置检测信号 C1、C2、C4、C8 存在不良。

根据以上分析，考虑到 Z 轴可以正常移动 2.5mm 左右，相当于实际转动 180°，因此，进一步判定故障的部位是转子位置检测信号中的 C8 存在不良。

按照上例同样的方法，取下脉冲编码器后，根据编码器的连接要求（见表 5—2—3），在引脚 N/T、J/K 上加入 DC 5 V 后，旋转编码器轴，利用万用表测量 C1、C2、C4、C8，发现 C8 的状态无变化，确认了编码器的转子位置检测信号 C8 存在故障。

表 5—2—3　　　　　　　　　　　　　　编码器连接要求

引脚	A	B	C	D	E	F	G	H	J/K	L	M	N/T	P	R	S
信号	A	B	C1	–A	–B	Z	–Z	屏蔽	+5 V	C4	C8	0V	C2	0H1	0H2

进一步检查发现，编码器内部的 C8 输出驱动集成电路已经损坏；更换集成电路后，重新安装编码器，并按上例同样的方法调整转子角度后，机床恢复正常。

故障现象四：一台配套华中 8 数控系统的龙门加工中心，在启动完成，进入可操作状态后，X 轴只要一运动即出现高频振荡，产生尖叫，系统无任何报警。

分析与处理过程：在故障出现后，观察 X 轴拖板，发现实际拖板振动位移很小，但触摸输出轴，可感觉到转子在以很小的幅度、极高的频率振动，且振动的噪声就来自 X 轴伺服。

考虑到振动无论是在运动中还是静止时均发生，与运动速度无关，故基本上可以排除测速电动机、位置反馈编码器等硬件损坏的可能性。

分析可能的原因是 CNC 中与伺服驱动有关的参数设定、调整不当引起的；且由于机床振动频率很高，因此时间常数较小的电流环引起振动的可能性较大。

由于华中 808 数控系统采用的是数字伺服，伺服参数的调整可以直接通过系统进行，维修时调出伺服调整参数页面，并与机床随机资料中提供的参数表对照，发现参数 PARM300003、PARM100200 与提供值不符，设定值见下：

参数号　正常值　实际设定值
300003　1000　3414
100200　2000　2770

将上述参数重新修改后，振动现象消失，机床恢复正常工作。

【任务链接】

1. 交流伺服电动机的基本检查

原则上说，交流伺服电动机可以不需要维修，损坏概率较小。但由于交流伺服电动机内含有精密检测器，因此，当发生碰撞、冲击时可能会引起故障，维修时应作如下检查：

（1）是否受到任何机械损伤？
（2）旋转部分是否可用手正常转动？
（3）带制动器的，制动器是否正常？
（4）是否有任何松动螺钉或间隙？
（5）是否安装在潮湿、温度变化剧烈和有灰尘的地方？

2. 交流伺服电动机的安装注意点

维修完成后，安装交流伺服电动机要注意以下几点：

（1）由于交流伺服电动机防水结构不是很严密，如果切削液、润滑油等渗入内部，会引起绝缘性能降低或绕组短路，因此，应注意尽可能避免切削液溅入。

（2）当交流伺服电动机安装在齿轮箱上时，加注润滑油时应注意齿轮箱的润滑油油面高度必须低于交流伺服电动机的输出轴，防止润滑油渗入内部。

（3）固定伺服联轴器、齿轮、同步带等连接件时，在任何情况下，作用在交流伺服电动机上的力不能超过容许的径向、轴向负载，见表 5—2—4。

表 5—2—4　　　　交流伺服电动机容许的径向、轴向负载

电动机形式	容许的径向负载	电动机形式	容许的径向负载
1，2	25 kg	10，20，30，30 R	450 kg
0，5	75 kg		

（4）按说明书规定，对交流伺服电动机和控制电路之间进行正确的连接（见机床连接图）。连接中的错误，可能引起失控或振荡，也可能使或机械部件损坏。当完成接线后，在

通电之前，必须进行电源线和壳体之间的绝缘测量，测量用 500 MΩ 的兆欧表进行；然后再用万用表检查信号线和壳体之间的绝缘性。注意不能用兆欧表测量脉冲编码器输入信号的绝缘性。

3. 交流伺服电动机常见的故障

交流伺服电动机常见故障的故障现象、可能原因和排除措施见表5—2—5。

表5—2—5   交流伺服电动机常见故障综述

故障现象	可能原因	排除措施
接线故障，如插座脱焊或端子接线松开	虚焊，连接不牢固	确保连接正常且稳定
位置检测装置故障	检验其是否有输出信号	更换反馈装置
得电不松开、失电不吸合制动	电磁制动故障	更换电磁阀

转子位置检测装置故障 当霍尔开关或光电脉冲编码器发生故障时，会引起失控，进给有振动。

4. 交流伺服电动机故障判断的方法

（1）用万用表或电桥测量电枢绕组的直流电阻，检查是否断路，并用兆欧表检查绝缘是否良好。

（2）将交流伺服电动机与机械装置分离，用手转动转子，正常情况下感觉有阻力，转一个角度后手放开，转子又返回；如果用手转动转子时能连续转几圈并自由停下，该转子已损坏；如果用手转不动或转动后无返回，机械部分可能有故障。

5. 脉冲编码器的更换

如交流伺服电动机的脉冲编码器不良，就应更换脉冲编码器。更换脉冲编码器应按规定步骤进行（请参照相应安装说明书）。注意，原连接部分无定位标记的，编码器不能随便拆离，不然会使相位错位；对采用霍尔元件换向的应注意开关的出线顺序。平时，不应敲击位置检测装置。另外，交流伺服电动机一般在定子中埋设热敏电阻，当出现过热报警时，应检查热敏电阻是否正常。

6. 交流伺服电动机的维护

交流伺服电动机与直流伺服电动机相比，最大的优点是不存在电刷维护的问题。应用于进给驱动的交流伺服电动机多采用交流永磁同步电动机，其特点是磁极是转子，定子的电枢绕组与三相交流电枢绕组一样，但它有三相逆变器供电，通过转子位置检测其产生的信号去控制定子绕组的开关器件，使其有序轮流导通，实现换流作用，从而使转子连续不断地旋转。

转子位置检测器与转子同轴安装，用于转子的位置检测，检测装置一般为霍尔开关或具有相位检测功能的光电脉冲编码器。

7. 直流伺服电动机的维护

（1）存放要求

不要将直流伺服电动机长期存放在室外，也要避免存放在湿度高、温度有急剧变化和多尘的地方，如需存放一年以上，应将电刷从电动机上取下来，否则容易腐蚀换向器，导致电动机损坏。

（2）当机床长期不运行时的保养

当机床长达几个月不开动的情况下，要对全部电刷进行检查，并要认真检查换向器表面是否生锈。如有锈，要用特别缓慢的速度，充分、均匀地运转。经过 1～2 h 后再行检查，直至处于正常状态，方可使用机床。

（3）电动机的日常维护

1）机床每天运行时的维护检查。在运行过程中要注意观察电动机的旋转速度，检查电动机是否有异常的振动和噪声，是否有异常臭味，检查电动机的机壳和轴承的温度。

2）定期维护。由于直流伺服电动机带有数对电刷，旋转时，电刷与换向器摩擦而逐渐磨损。电刷异常或过度磨损，会影响工作性能，所以对直流伺服电动机的日常维护也是相当必要的。要每月定期对电刷进行清理和检查。数控车床、数控铣床和数控加工中心的直流伺服电动机应每年检查一次，频繁加速、减速的机床（如冲床等）中的直流伺服电动机应每两个月检查一次，检查步骤如下：

①在数控系统处于断电状态且已经完全冷却的情况下进行检查。

②取下橡胶刷帽，用螺钉旋具拧下刷盖，取出电刷。

③测量电刷长度，如果直流伺服电动机的电刷由 10 mm 磨损到小于 5 mm 时，必须更换同型号的新电刷。

④仔细检查电刷的弧形接触面是否有深沟或裂痕，以及电刷弹簧上有无打火痕迹。如有上述现象，则要考虑工作条件是否过分恶劣或本身是否有问题。

⑤用不含金属粉末及水分的压缩空气对准装电刷的刷握孔，吹净粘在刷握孔壁上的电刷粉末。如果难以吹净，可用螺钉旋具尖轻轻清理，直至孔壁全部干净为止，但要注意不要碰到换向器表面。

⑥重新装上电刷，拧紧刷盖。如果更换了新电刷，要使其空运行一段时间，以使电刷表面与换向器表面吻合良好。

任务三　位置检测反馈系统

【任务导入】

1. 机械振荡故障的检测和排除。

2. "飞车"故障的排除。

3. 主轴不能定向或定向不准故障的原因分析。

4. 坐标轴振动进给故障的排除。

【任务描述】

1. 机床振动

机床振动指的是机床在移动时或停止时的振荡、运动时的爬行、正常加工过程中的运动不稳等。故障可能是机械传动系统的原因，亦可能是由于伺服进给系统的调整与设定不当等。

（1）开停机时振荡的故障原因、检查和处理方法见表 5—3—1。

表 5—3—1   机床振动故障的原因与检查、处理方法

故障原因	检查步骤	措施
位置控制系统参数设定错误	对照系统参数说明检查原因	设定正确的参数
速度控制单元设定错误	对照速度控制单元说明或根据机床厂提供的设定单检查设定	正确设定速度控制单元
反馈装置出错	检查反馈装置本身是否有故障	更换反馈装置
	检查反馈装置连线是否正确	正确连接反馈线
电动机本身有故障	用替换法检查电动机是否有故障	如有故障,更换电动机
振动周期与进给速度成正比 故障原因:机床、检测器不良,插补精度差或检测增益设定太高	若插补精度差,振动周期可能为位置检测器信号周期的 1 倍或 2 倍;若为连续振动,可能是检测增益设定太高 检查与振动周期同步的部分,并找到不良部分	更换或维修不良部分,调整或检测增益

故障查找的方法。例如:当机床以高速运行时,如果产生振动,这时就会出现过流报警。这种振动问题一般属于速度问题,所以应去查找速度环,而机床速度的整个调节过程是由速度调节器来完成的。即凡是与速度有关的问题,应该去查找速度调节器。因此,振动问题应查找速度调节器,主要从给定信号、反馈信号及速度调节器本身这三方面去查找故障。

1)首先检查输给速度调节器的信号,即给定信号,这个给定信号是由位置偏差计数器出来,经 D/A 转换器转换的模拟量 VCMD 送入速度调节器的,应查一下这个信号是否有振动分量,如它只有一个周期的振动信号,可以确认速度调节器没有问题,而是前级的问题,即应向 D/A 转换器或位置偏差计数器去查找问题。如果正常,就转向检查测速电动机或伺服电动机的位置反馈装置是否有故障或连线错误。

2)检查测速电动机及伺服电动机:当机床振动时,说明机床速度在振荡,当然反馈回来的波形一定也在振荡,观察它的波形是否出现有规律的大起大落。这时,最好能测一下机床的振动频率与旋转的速度是否存在一个准确的比例关系,如振动频率是电动机转速的四倍频率,这时就应考虑电动机有故障。

因振动频率与电动机转速成一定比例,首先要检查电动机有无故障,如果没有问题,就再检查反馈装置连线是否正确。

3)位置控制系统或速度控制单元上的设定错误:如系统或位置环的放大倍数(检测倍率)过大,最大轴速度、最大指令值等设置错误。

4)速度调节器故障:如采用上述方法还不能完全消除振动,甚至无任何改善,就应考虑速度调节器本身的问题,应更换速度调节器板或换下后彻底检测各处波形。

5)检查振动频率与进给速度的关系:如二者成比例,除机床共振原因外,多数是因为CNC 系统插补精度太差或位置检测增益太高,须进行插补调整和检测增益的调整。如果与进给速度无关,可能原因有:速度控制单元的设定与机床不匹配,速度控制单元调整不好,

该轴的速度环增益太大，或是速度控制单元的印制电路板不良。

（2）工作台移动到某处时出现缓慢的正反向摆动

经过长期使用，机床与伺服驱动系统之间的配合可能会产生部分改变，一旦匹配不良，可能引起伺服系统的局部振动。

2. 运动失控（即飞车）

机床失控的原因与检查、处理方法见表5—3—2。

表5—3—2　　　　　　　　　　机床失控的原因与检查、处理方法

项目	故障原因	检查步骤	措施
1	位置检测、速度检测信号不良	检查连线，检查位置、速度环是否为正反馈	改正连线
2	位置编码器故障	可以用交换法	重新进行正确的连接
3	主板、速度控制单元故障	用排除法确定此模块有故障	更换印制电路板

3. 机床定位精度或加工精度差

机床定位精度或加工精度差可分为定位超调、单脉冲进给精度差、定位点精度不好、圆弧插补加工的圆度差等情况。其故障的原因、检查和处理方法见表5—3—3。

表5—3—3　　　　　　机床定位精度或加工精度差的原因与检查、处理方法

项目	故障原因	检查步骤	措施
超调	加/减速时间设定过小	检测启动、制动电流是否已经饱和	延长加/减速时间设定
	与机床的连接部分刚度差或连接不牢固	检查故障是否可以通过减小位置环增益改善	减小位置环增益或提高机床的刚度
单脉冲精度差	需要根据不同情况进行故障分析	检查定位时位置跟随误差是否正确	若正确，参考第2项，否则参考第3项
	机械传动系统存在爬行或松动	检查机械部件的安装精度与定位精度	调整机床机械传动系统
	伺服系统的增益不足	调整速度控制单元的相应旋钮，提高速度环增益	提高位置环、速度环增益
定位精度不良	需根据不同情况进行故障分析	检查定位时位置跟随误差是否正确	若正确，参考第2项，否则参考第3项
	机械传动系统存在爬行或松动	检查机械部件的安装精度与定位精度	调整机床机械传动系统
	位置控制单元不良	更换位置控制单元板（主板）	更换不良板
	位置检测器件（编码器、光栅）不良	检测位置检测器件（编码器、光栅）	更换不良位置检测器件（编码器、光栅）
	速度控制单元控制板不良		维修、更换不良板

续表

项目	故障原因	检查步骤	措施
圆弧插补加工的圆度差	需根据不同情况进行故障分析	测量不圆度，检查轴向上是否变形，45°方向上是否成椭圆	若轴向变形，则参考第2项，若45°方向上成椭圆，则参考第3项
	机床反向间隙大、定位精度差	测量各轴的定位精度与反向间隙	调整机床，进行定位精度、反向间隙的补偿
	位置环增益设定不当	调整控制单元，使同样的进给速度下各插补轴的位置跟随误差的差值在±1%以内	调整位置环增益以消除各轴间的增益差
	各插补轴的检测增益设定不良	在项目3调整后，在45°上成椭圆	调整检测增益
	感应同步器或旋转变压器的接口板调整不良	检查接口板的调整	重新调整接口板
	丝杠间隙或传动系统间隙	测量并重新调整间隙	调整间隙或改变间隙补偿值

当圆弧插补出现45°方向上的椭圆时，可以调整伺服进给轴的位置增益。坐标轴的位置增益由下式计算：

$$k_{\text{v}} = \frac{16.67v}{e_{\text{ss}}}$$

式中　v——坐标移动速度，m/min；

　　　e_{ss}——位置跟随误差（0.001 mm）；

　　　k_{v}——位置增益（1/s）。

位置跟随误差可以通过数控系统的诊断参数检查，在速度控制单元上有相应的电位器来调节。注意，参与圆弧插补的两轴的位置跟随误差的差值必须控制在1%以内。

4. 位置跟随误差超差报警

伺服轴运动超过位置跟随误差允许范围时，数控系统就会产生位置误差过大的报警，包括跟随误差、轮廓误差和定位误差等。位置跟随误差超差报警的主要原因及排除见表5—3—4。

表5—3—4　　　　　　　　位置跟随误差超差报警的原因及处理

故障原因	检查步骤	措施
伺服过载或有故障	查看伺服驱动器相应的报警指示灯	减轻负载，让机床工作在额定负载以内
动力线或反馈线连接错误	检查连线	正确连接电动机与反馈装置的连接线
伺服变压器过热	查看相应的工作条件和状态	观察散热风扇是否工作正常，作好散热措施
保护熔断器熔断		
输入电源电压太低	用万用表测量输入电压	确保输入电压正常
伺服驱动器与CNC间的信号电缆连接不良	检查信号电缆的连接，分别测量电缆信号线各引脚的通断	确保信号电缆传输正常
干扰	检查屏蔽线	处理好地线以及屏蔽层

故障原因	检查步骤	措施
参数设置不当	检查设置位置跟随误差的参数，如：伺服系统增益设置不当，位置偏差值设定错误或过小	依参数说明书正确设置参数
速度控制单元故障 系统主板的位置控制部分故障	用同型号的备用电路板来测试现在的电路板是否有故障	如果确认故障，更换相应电路板或驱动器
编码器反馈不良	用手转动电动机，看反馈的数值是否相符	如果确认不良，更换编码器
机械传动系统有故障	进给传动链累计误差过大或机械结构连接不好而造成传动间隙过大	排除机械故障，确保工作正常

【任务实施】

故障现象一：一台配套华中 8 系统的加工中心，进给加工过程中，发现 X 轴有振动现象。

分析与处理过程：加工过程中坐标轴出现振动、爬行现象与多种原因有关，故障可能是机械传动系统的原因，亦可能是伺服进给系统的调整与设定不当等。

为了判定故障原因，将机床操作方式置于手动方式，用手摇脉冲发生器控制 X 轴进给，发现 X 轴仍有振动现象。在此方式下，通过较长时间的移动后，X 轴速度单元上 OVC 报警灯亮。证明 X 轴伺服驱动器发生了过电流报警，根据以上现象，分析可能的原因如下：

1. 负载过重。
2. 机械传动系统不良。
3. 位置环增益过高。
4. 伺服不良。

维修时，通过互换法确认故障原因出在直流伺服上。卸下 X 轴伺服电动机，经检查发现 6 个电刷中有 2 个的弹簧已经烧断，造成了电枢电流不平衡，使输出转矩不平衡。另外，发现 X 轴的轴承亦有损坏，故而引起 X 轴的振动与过电流。

更换轴承与电刷后，机床恢复正常。

故障现象二：某数控机床产生飞车故障。

故障检查与分析：所谓飞车是指机床的速度失控。在机床运行中，X 进给轴很快从低速升到高速，产生速度失控报警。在排除数控系统、驱动装置、速度反馈等故障因素后，将故障定位在位置检测装置。经检查，编码器输出电缆及连接器均正常，拆开编码器（ROD320），发现一紧固螺钉脱落，造成 +5 V 与接地端之间短路，编码器无信号输出，数控系统位置环处于开环状态，从而引起速度失控的故障。

重装紧固螺钉后，并检查所有的连接件，故障消除。

故障现象三：一台配套华中 8 系统的立式加工中心，在自动工作时，偶然出现 X 轴的剧烈振动。

分析与处理过程：机床在出现故障时，关机后再开机，即可以恢复正常；且在故障时检查，系统、驱动器都无报警；而且振动在加工过程中只是偶然出现。

在振动时检查系统的位置跟随误差，发现此值在 $0 \sim 0.1\text{mm}$ 范围内，可以基本确认数控系统的位置检测部分以及位置测量系统均无故障。

由于故障的偶然性，而且当故障发生时只要通过关机，即可恢复正常工作，这给故障的诊断增加了困难。为了确认故障部位，维修时将 X、Y 轴的驱动器模块、交流伺服电动机分别作了互换处理，但故障现象不变。因此，初步确定故障是由于交流伺服电动机与驱动器间的连接电缆不良引起的。

仔细检查交流伺服电动机与驱动器间的连接电缆，未发现任何断线与接触不良的故障，而故障仍然存在。为了排除任何可能的原因，维修时利用新的测速反馈电缆作为临时线替代了原电缆试验，经过长时间的运行确认故障现象消失，机床恢复正常工作。

为了找到故障的根本原因，维修时取下了 X 轴测速电缆进行仔细检查，最终发现该电缆的 11 号线（测速发电动机 R 相连接线）在电缆不断弯曲的过程中有"时通时断"的现象，打开电缆线检查，发现电线内部断裂。更换电缆后，故障排除，机床恢复正常工作。

【任务链接】

1. 进给伺服系统出错报警故障

这类故障大多数是速度控制单元方面的故障引起的，或是主控制印制线路板与位置控制或伺服信号有关部分的故障。华中系统内部报警信息见表 5—3—5。

表 5—3—5　　　　　　　　　　华中系统内部报警信息

报警信息	系统状态	措施
01 h 初始化错	急停	正确设置参数，并正确连接坐标轴控制电缆
02 h 参数错	急停	正确设置参数
05 h 机床位置丢失	无	移动任意轴
09 h 未知故障	急停	检查参数、接线、电源，重新通电
20 h 正向超程	禁止轴移动	按住超程解除按钮复位后用手动方式负向移动退出超程位置
21 h 负向超程	禁止轴移动	按住超程解除按钮复位后用手动方式正向移动退出超程位置
22 h 正软超程	轴停止正向移动	负向移动超程轴
23 h 负软超程	轴停止负向移动	正向移动超程轴
30 h 硬件故障	急停	关闭电源 3 min 后重新通电
38 h 反馈异常	急停	检查轴控制电缆中的位置反馈线
40 h 超速	急停	检查伺服驱动器坐标轴控制电缆，适当增加轴参数中最大进给速度参数
41 h 跟踪误差过大	急停	（1）检查机械负载是否合理 （2）检查伺服驱动器动力电源是否正常 （3）检查抱闸电动机的抱闸 （4）检查坐标轴参数中的最高快移速度是否超出了电动机额定转速 （5）检查伺服驱动器内部参数的设置

续表

报警信息	系统状态	措施
41 h 跟踪误差过大		(6) 检查电动机每转脉冲数是否正确
		(7) 检查伺服反馈电子齿轮比参数
44 h 找不到参考点	急停	(1) 检查参考点开关
		(2) 检查编码器反馈电缆
		(3) 检查编码器0位脉冲信号

2. 检测元件（测速电动机、旋转变压器或脉冲编码器）或检测信号方面引起的故障

例如：某数控机床显示"主轴编码器断线"。引起的原因有：

（1）电动机动力线断线。如果伺服电源刚接通，尚未接到任何指令时，就发生这种报警，则由于断线而造成故障可能性最大。

（2）伺服单元印制线路板上设定错误，如将检测元件脉冲编码器设定成了测速电动机等。

（3）没有速度反馈电压或时有时无，这可用显示器测量速度反馈信号来判断，这类故障除检测元件本身存在故障外，多数是由于连接不良或接通不良引起的。

（4）由于光电隔离板或中间的某些电路板上劣质元器件所引起。有时开机运行相当长一段时间后，出现"主轴编码器断线"，这时，重新开机，可能会自动消除故障。

3. 参数被破坏

参数被破坏报警表示伺服单元中的参数由于某些原因引起混乱或丢失。引起此报警的通常原因及常规处理见表5—3—6。

表5—3—6 "参数被破坏"报警综述

警报内容	警报发生状况	可能原因	处理措施
参数破坏	在接通控制电源时发生	正在设定参数时电源断开	进行用户参数初始化后重新输入参数
		正在写入参数时电源断开	
		超出参数的写入次数	更换伺服驱动器（重新评估参数写入法）
		伺服驱动器 EEPROM 以及外围电路故障	更换伺服驱动器
参数设定异常	在接通控制电源时发生	装入了设定不适当的参数	执行用户参数初始化处理

4. 主电路检测部分异常

引起此报警的通常原因及常规处理见表5—3—7。

表5—3—7　　　　　　　　　　"主电路检测部分异常"报警综述

警报内容	警报发生状况	可能原因	处理措施
主电路检测部分异常	在接通控制电源时或者运行过程中发生	控制电源不稳定	将电源恢复正常
		伺服驱动器故障	更换伺服驱动器

5. 超速

引起此报警的通常原因及常规处理见表5—3—8。

表5—3—8　　　　　　　　　　"超速"报警综述

警报内容	警报发生状况	可能原因	处理措施
超速	接通控制电源时发生	电路板故障	更换伺服驱动器
		电动机编码器故障	更换编码器
	电动机运转过程中发生	速度标定设定不合适	重设速度标定
		速度指令过大	使速度指令减到规定范围内
		电动机编码器信号线故障	重新布线
		电动机编码器故障	更换编码器
	电动机启动时发生	超调过大	重设伺服并调整，使启动特性曲线变缓
		负载惯量过大	调整惯量到规定范围内

6. 限位报警

限位报警主要指的就是超程报警。引起此报警的通常原因及常规处理见表5—3—9。

表5—3—9　　　　　　　　　　"限位"报警综述

警报发生状况	可能原因	处理措施
限位开关动作	限位开关有动作（即控制轴实际已经超程）	参照机床使用说明书进行超程解除
	限位开关电路开路	依次检查限位电路，处理电路开路故障

7. 过热报警故障

过热是指伺服单元、变压器及伺服电动机等过热。引起过热报警的原因见表5—3—10。

表5—3—10　　　　　　　　　　伺服单元过热报警原因综述

过热的具体表现	过热原因	处理措施
过热的继电器动作	机床切削条件较苛刻	重新考虑切削参数，改善切削条件
	机床摩擦力过大	改善机床润滑条件
热控开关动作	伺服电动机电枢内部短路或绝缘不良	加绝缘层或更换伺服电动机
	电动机制动器不良	更换制动器
	电动机永久磁钢去磁或脱落	更换电动机
电动机过热	驱动器参数增益不当	重新设置相应参数
	驱动器与电动机配合不当	重新考虑配合条件
	电动机轴承故障	更换轴承
	驱动器故障	更换驱动器

（过热报警贯穿左侧三行）

例如：某伺服电动机过热报警，可能原因有：

（1）过负荷。可以通过测量电动机电流是否超过额定值来判断。

（2）电动机线圈绝缘不良。可用 500 V 兆欧表检查电枢线圈与机壳之间的绝缘电阻。如果在 1 MΩ 以上，表示绝缘正常。

（3）电动机线圈内部短路。可卸下电动机，测电动机空载电流，如果此电流与转速成正比，则可判定电动机线圈内部短路。

（4）电动机磁铁退磁。可在快速旋转电动机时，测定电动机电枢电压是否正常。如电压低且发热，则说明电动机已退磁，应重新充磁。

（5）制动器失灵。当电动机带有制动器时，如电动机过热则应检查制动器动作是否灵活。

（6）CNC 装置的有关印制线路板不良。

8. 发动机过载

伺服驱动系统过载的通常原因及常规处理见表5—3—11。

表 5—3—11　　　　　　　　　　伺服驱动系统过载报警综述

警报内容	警报发生状况	可能原因	处理措施
过载（一般有连续最大负载和瞬间最大负载）	在接通控制电源时发生	伺服单元故障	更换伺服单元
	在伺服 ON 时发生	电动机配线异常（配线不良或连接不良）	修正电动机配线
		编码器配线异常（配线不良或连接不良）	修正编码器配线
		编码器有故障（反馈脉冲与转角不成比例变化，而有跳跃）	更换编码器
		伺服单元故障	更换伺服单元
	在输入指令时伺服电动机不旋转的情况下发生	电动机配线异常（配线不良或连接不良）	修正电动机配线
		编码器配线异常（配线不良或连接不良）	修正编码器配线
		启动扭矩超过最大扭矩或者负载有冲击现象；电动机振动或抖动	重新考虑负载条件、运行条件或者电动机容量
		伺服单元故障	更换伺服单元
	在通常运行时发生	有效扭矩超过额定扭矩或者启动扭矩大幅度超过额定扭矩	重新考虑负载条件、运行条件或者电动机容量
		伺服单元存储盘温度过高	将工作温度下调
		伺服单元故障	更换伺服单元

9. 伺服单元过电流报警

引起过流的通常原因及常规处理见表5—3—12。

表 5—3—12   **伺服单元过电流报警综述**

警报内容	警报发生状况		可能原因	处理措施
过电流 [功率晶体管（IGBT）产生过电流] 或者散热片过热	在接通控制电源时发生		伺服驱动器的电路板与热开关连接不良	更换伺服驱动器
			伺服驱动器电路板故障	
	在接通主电路电源时发生或者在电动机运行过程中产生过电流	接线错误	U、V、W 与地线连接错误	检查配线，正确连接
			地线缠在其他端子上	
			电动机主电路用电缆的 U、V、W 与地线之间短路	修正或更换电动机主电路用电缆
			电动机主电路用电缆的 U、V、W 之间短路	
			再生电阻配线错误	检查配线，正确连接
			伺服驱动器的 U、V、W 与地线之间短路	更换伺服驱动器
			伺服驱动器故障（电流反馈电路、功率晶体管或者电路板故障）	
			伺服电动机的 U、V、W 与地线之间短路	更换伺服单元
			伺服电动机的 U、V、W 之间短路	
		其他原因	因负载转动惯量大并且高速旋转，动态制动器停止，制动电路故障	更换伺服驱动器（减少负载或者降低使用转速）
			位置速度指令发生剧烈变化	重新评估指令值
			负载是否过大，是否超出再生处理能力等	重新考虑负载条件、运行条件
			伺服驱动器的安装方法（方向、与其他部分的间隔）不适合	将伺服驱动器的环境温度下降到 55℃ 以下
			伺服驱动器的风扇停止转动	更换伺服驱动器
			伺服驱动器故障	
			驱动器的 IGBT 损坏	最好是更换伺服驱动器
			电动机与伺服驱动器不匹配	重新选配

10. 伺服单元过电压报警

引起伺服单元过电压的通常原因及常规处理见表 5—3—13。

11. 伺服单元欠电压报警

引起伺服单元欠电压的通常原因及常规处理见表 5—3—14。

表 5—3—13　　　　　　　　　　　　　伺服单元过电压报警综述

警报内容	警报发生状况	可能原因	处理措施
过电压是指伺服驱动器内部的主电路直流电压超过其最大限值，在接通主电路电源时检测	在接通控制电源时发生	伺服驱动器电路板故障	更换伺服驱动器
	在接通主电源时发生	AC 电源电压过大	将 AC 电源电压调节到正常范围
		伺服驱动器故障	更换伺服驱动器
	在通常运行时发生	检查 AC 电源电压（是否有过大的变化）	
		使用转速高，负载转动惯量过大（再生能力不足）	检查并调整负载条件、运行条件
		内部或外接的再生放电电路故障（包括接线断开或破损等）	最好是更换伺服驱动器
		伺服驱动器故障	更换伺服驱动器
	在伺服电动机减速时发生	使用转速高，负载转动惯量过大	检查并重调整负载条件或运行条件
		加减速时间过短，在降速过程中引起过电压	调整加减速时间常数

表 5—3—14　　　　　　　　　　　　　伺服单元欠电压报警综述

警报内容	警报发生状况	可能原因	处理措施
电压不足是指伺服驱动器内部的主电路直流电压低于其最小限值，在接通主电路电源时检测	在接通控制电源时发生	伺服驱动器电路板故障	更换伺服驱动器
		电源容量太小	更换容量大的驱动电源
	在接通主电路电源时发生	AC 电源电压过低	将 AC 电源电压调节到正常范围
		伺服驱动器的保险丝熔断	更换保险丝
		冲击电流限制电阻断线（电源电压是否异常，冲击电流限制电阻是否过载）	更换伺服驱动器（确认电源电压，减少主电路 ON/OFF 的频度）
		伺服 ON 信号提前有效	检查外部电路是否短路
		伺服驱动器故障	更换伺服驱动器
	在通常运行时发生	AC 电源电压低（是否有过大的压降）	将 AC 电源电压调节到正常范围
		发生瞬时停电	通过警报复位重新开始运行
		电动机主电路用电缆短路	修正或更换电动机主电路用电缆
		伺服电动机短路	更换伺服电动机
		伺服驱动器故障	更换伺服驱动器
		整流器件损坏	建议更换伺服驱动器

12. 位置偏差过大

引起此故障的通常原因及常规处理见表 5—3—15。

表 5—3—15　　　　　　　　　　位置偏差过大报警综述

警报内容	警报发生状况	可能原因	处理措施
位置偏差过大	在接通控制电源时发生	位置偏差参数设得过小	重新设定正确参数
		伺服单元电路板故障	更换伺服单元
	在高速旋转时发生	伺服电动机的 U、V、W 的配线不正常（缺线）	修正电动机配线
			修正编码器配线
		伺服单元电路板故障	更换伺服单元
	在发出位置指令时电动机不旋转的情况下发生	伺服电动机的 U、V、W 的配线不良	修正电动机配线
		伺服单元电路板故障	更换伺服单元
	动作正常，但在较长指令脉冲时发生	伺服单元的增益调整不良	上调速度环增益、位置环增益
		位置指令脉冲的频率过高	缓慢降低位置指令频率
			加入平滑功能
			重新评估电子齿轮比
		负载条件（扭矩、转动惯量）与电动机规格不符	重新评估负载或者电动机容量

模块六

机械结构的故障诊断与维修

【知识点】

1. 掌握数控机床主传动系统部件的结构及工作原理。

2. 掌握数控机床进给传动系统部件的结构及工作原理。

3. 掌握数控机床导轨副的机械结构及保养知识。

4. 掌握数控机床自动换刀装置的结构特点及工作原理。

5. 掌握数控机床液压、气动、润滑的工作原理。

【技能点】

1. 熟悉数控机床主轴部件的装配工艺及调整方法。

2. 能够对主轴准停故障进行诊断并维护。

3. 能够完成滚珠丝杠螺母副的安装与调整。

4. 能够完成数控机床导轨的安装与调整。

5. 能够对数控机床液压、气动、润滑系统进行故障诊断。

任务一 主传动系统

【任务导入】

1. 能正确识读主轴装配图样。

2. 能正确使用工具、量具检测主轴传动装置的相关精度。

3. 能正确判断主轴传动系统的机械故障。

【任务描述】

数控机床的主传动是承受主切削力的传动运动，它的功率大小与回转速度直接影响着机床的加工效率，这就要求主传动系统在尽可能大的转速范围内保证恒功率输出。同时，为使数控机床能获得最佳的切削速度，主传动须在较宽的范围内实现无级变速。现行数控机床采用高性能的直流或交流无级调速主轴电动机，较普通机床的机械分级变速，传动链大为简化。对加工精度有直接影响的主轴组件的精度、刚度、抗振性和热变形性能要求，可以通过主轴组件的结构设计和合理的轴承组合及选用高精度专用轴承加以保证。为提高生产率和自动化程度，主轴应有刀具或工件的自动夹紧、放松、切屑清理及主轴准停机构。最近日本又开发研制了新型的陶瓷主轴，质量轻，热膨胀率低，用在加工中心上，具有高的刚度和精度。主轴部件是保证机床加工精度和自动化程度的主要部件，它们对数控机床性能有着决定性的影响。

【任务实施】

故障现象一：切削时振动过大。

分析与处理：造成切削时振动过大的原因一般是：主轴箱和床身连接螺钉松动、轴承预紧力不够、游隙过大、轴承预紧螺母松动，使主轴窜动、轴承拉毛或损坏、如果是车床，则可能是转塔刀架运动部位松动或压力不够而未卡紧、主轴部件动平衡不好、齿轮啮合间隙不均匀或严重损伤等原因。针对上述原因，采用恢复精度后紧固连接螺钉、重新调整轴承游隙（但预紧力不宜过大，以免损坏轴承）、紧固螺母确保主轴精度合格、更换轴承、修理主轴或箱体使其配合精度、位置精度达到要求、检查刀具或切削工艺问题、重做动平衡和调整间隙或更换齿轮等方法。

故障现象二：主轴不能准停。

分析与处理：为了分析确认故障原因，维修时进行了如下试验：输入并依次执行"S100 M03；M19"指令，机床定位正常；输入并依次执行"S100 M04；M19"指令，机床定位正常；输入并依次执行"S200 M03；M05；M19"指令，机床定位正常；直接输入并依次执行"S200 M03；M19"指令，机床不能定位。根据以上试验，确认系统、驱动器工作正常，考虑引起故障的可能原因是编码器高速特性不良或主轴实际定位速度过高。因此，检查主轴电动机实际转速，发现与指令值相差很大，当执行指令"S200"时，实际机床主轴转速为300 r/min，调整主轴驱动器参数，使主轴实际转速与指令值相符后，故障排除。

故障现象三：主轴准停位置不稳定。

1. 确认故障的实际现象

通过反复试验多次定位，确认故障的实际现象为：

（1）该机床可以在任意时刻进行主轴定位，定位动作正确。

（2）只要机床不关机，不论进行多少次定位，其定位点总是保持不变。

（3）机床关机后，再次开机执行主轴定位，定位位置与关机前不同，在完成定位后，只要不关机，以后每次定位总是保持在该位置不变。

（4）每次关机后，重新定位，其定位点都不同，主轴可以在任意位置定位。

2. 引起以上故障的原因

主轴定位的过程，是将主轴停止在编码器"零位脉冲"位置的定位过程，并在该点进行位置闭环调节。根据以上试验，可以确认故障原因是编码器的"零位脉冲"不固定。可能引起以上故障的原因有：

（1）编码器固定不良，在旋转过程中编码器与主轴的相对位置在不断变化。

（2）编码器不良，无"零位脉冲"输出或"零位脉冲"受到干扰。

（3）编码器连接错误。

逐一检查上述原因，排除了编码器固定不良、编码器不良的原因。进一步检查编码器的连接，发现该编码器内部的"零位脉冲" Ua0 与 *Ua0 引出线接反，重新连接后，故障排除。

故障现象四：主轴准停时出现振荡。

分析与处理：由于该机床更换了主轴编码器，机床在执行主轴定位时减速动作不正确，分析原因应与主轴反馈极性有关。当位置反馈极性设定错误时，必然会引起以上现象。更换主轴编码器极性可以通过交换器的输出信号 Ua1/Ua2 或 *Ua1/*Ua2 进行，当定位器由 CNC 控制时，也可以通过修改 CNC 机床参数进行，在本机床上通过修改 810M 的主轴反馈极性参数（MD5200bit1），主轴定位恢复正常。

故障现象五：主轴高速旋转时发热严重。

分析及处理：电主轴运转中的发热和温升问题始终是研究的焦点。电主轴单元的内部有两个主要热源：一个是主轴轴承；另一个是内藏式主电动机。

电主轴单元最突出的问题是内藏式主电动机的发热。主电动机旁边就是主轴轴承，如果主电动机的散热问题解决不好，还会影响机床工作的可靠性。主要的解决方法是采用循环冷却结构，分外循环和内循环两种，冷却介质可以是水或油，使电动机与前后轴承都能得到充分冷却。

主轴轴承是电主轴的核心支承，也是电主轴的主要热源之一。当前的高速电主轴，大多数采用角接触陶瓷球轴承。陶瓷球轴承具有以下特点：

1. 滚珠重量轻，离心力小，动摩擦力矩小。
2. 因温升引起的热膨胀小，使轴承的预紧力稳定。
3. 弹性变形量小，刚度高，使用寿命长。

电主轴的运转速度高，对主轴轴承的动态、热态性能有严格要求。合理的预紧力、良好而充分的润滑是保证主轴正常运转的必要条件。

采用油雾润滑，雾化发生器进气压为 0.25 ~ 0.3 MPa，选用 20 号透平油，油滴速度控制在 80 ~ 100 滴/min。润滑油雾在充分润滑轴承的同时，还带走了大量的热量。前后轴承的润滑油分配是非常重要的问题，必须加以严格控制。进气口截面大于前后喷油口截面的总和，排气应顺畅，各喷油小孔的喷射角与轴线成 15°夹角，使油雾直接喷入轴承工作区，即可解决主轴发热的问题。

【任务链接】

一、主轴部件

主轴部件是数控机床机械部分中的重要组成部件，主要由主轴、轴承、主轴准停装置、自动夹紧装置和切屑清除装置组成。数控机床主轴部件的润滑、冷却与密封是机床使用和维护过程中必须重视的问题。

首先，良好的润滑效果，可以降低轴承的工作温度和延长使用寿命；为此，在操纵使用中要留意到：低速时，采用油脂、油液循环润滑方式；高速时，采用油雾、油气润滑方式。但是，在采用油脂润滑时，主轴轴承的封进量通常为轴承空间容积的 10%，切忌随意填满，油脂过多会加剧主轴发热。对于油液循环润滑，在操纵使用中要做到天天检查主轴润滑恒温油箱，看油量是否充足，假如油量不够，则应及时添加润滑油；同时要留意检查润滑油温度范围是否合适。为了保证主轴有良好的润滑，减少摩擦发热，同时又能把主轴组件的热量带走，通常采用循环式润滑系统，用液压泵强力供油润滑，使用油温控制器控制油箱油液温度。高档数控机床主轴轴承采用了高级油脂封存方式润滑，每加一次油脂可以使用 7～10 年。新型的润滑冷却方式不但要减少轴承温升，还要减少轴承内外圈的温差，以保证主轴热变形小。

其次，主轴部件的冷却要以减少轴承发热、有效控制热源为主。

最后，主轴部件的密封则不仅要防止灰尘、屑末和切削液进入主轴部件，还要防止润滑油的泄漏。主轴部件的密封有接触式密封和非接触式密封。对于采用油毡圈和耐油橡胶密封圈的接触式密封，要留意检查其老化和破损；对于非接触式密封，为了防止泄漏，重要的是保证回油能够尽快排掉，要保证回油孔的通畅。

二、准停装置

加工中心的主轴部件上设有准停装置，其作用是使主轴每次都准确地停在固定不变的周向位置上，以保证自动换刀时主轴上的端面键能对准刀柄上的键槽，同时使每次装刀时刀柄与主轴的相对位置不变，提高刀具的重复安装精度，从而可提高孔加工时孔径的一致性。另外，一些特殊工艺要求，如在通过前壁小孔镗内壁的同轴大孔，或进行反倒角等加工时，也要求主轴实现准停，使刀尖停在一个固定的方位上，以便主轴偏移一定尺寸后，使大刀刃能通过前壁小孔进入箱体内对大孔进行镗削。

1. 主轴准停工作原理

其工作过程为：当主轴实际转速 $n \geq 600$ r/min 时，输入定位指令，主轴立即减速到定位基准转速（约 600 r/min）再旋转 1.5～3 r/min 后达到同步，然后进入位置控制，使主轴定位到预置点并保持位置闭环；当 60 r/min $\leq n \leq 600$ r/min 时，输入定位指令，主轴以现行转速达到同步，然后进入位置控制（下限 60 r/min 为可调节转速）；当主轴实际转速为 0 或 < 60 r/min 时，输入定位指令，主轴以 60 r/min 的转速启动并达到同步，再进入位置控制。主轴准停控制流程图如图6—1—1所示。

2. 主轴准停的分类

现代数控机床多采用电气方式实现主轴准停，只要数控机床发出指令信号即可实现主轴准确定位。常见的主轴准停方式有以下几种：

（1）磁传感器型主轴准停装置

如图6—1—2所示，磁传感器型主轴准停装置利用磁性传感器检测定位。在主轴上安装一个发磁体，在距

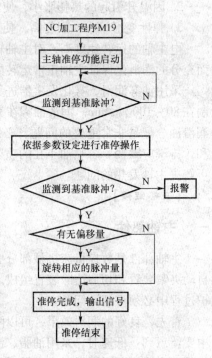

图6—1—1 主轴准停控制流程图

离发磁体旋转外轨迹 1~2 mm 处固定一个磁传感器，经过伺服驱动器与主轴控制单元连接。当主轴控制单元接收到数控系统发来的准停信号 ORT 时，主轴速度变为准停时的设定速度，当主轴控制单元接收到磁传感器信号后，主轴驱动立即进入磁传感器作为反馈元件的位置闭环控制，目标位置即为准停位置。准停后主轴驱动装置向数控系统发出准停完成信号 ORE。

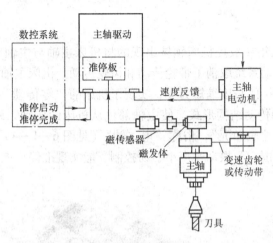

图 6—1—2　磁传感器型主轴准停装置原理图

（2）编码器型主轴准停装置

该准停装置通过主轴电动机内置安装的位置编码器或在机床主轴箱上安装一个与主轴 1∶1 同步旋转的位置编码器来实现准停控制，准停角度可任意设定，如图 6—1—3 所示。主轴驱动装置内部可自动转换，使主轴驱动处于速度控制状态或位置控制状态。

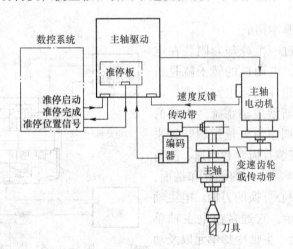

图 6—1—3　编码器型主轴准停装置原理图

（3）数控系统控制主轴准停装置

这种装置主轴准停的角度可由数控系统内部设定成任意值，准停由数控代码 M19 执行。当执行 M19 或 M19S××时，数控系统先将 M19 送至 PLC，处理后送出控制信号，控制主轴电动机由静止迅速升速或在原来运行的较高速度下迅速降速到定向准停设定的速度 n。ORT

运行，寻找主轴编码器零位脉冲 C，然后进入位置闭环控制状态，并按系统参数设定定向准停。若执行 M19 无 S 指令，则主轴准停于相对 C 脉冲的某一缺省位置；若执行 M19S × × 指令，则主轴准停于指令位置，即相对零位脉冲 × × 度处。主轴定向准停的具体控制过程，不同系统的控制执行过程略有区别，但大同小异。

三、高速主轴

高速主轴是最近几年在数控机床领域出现的将机床主轴与主轴电动机融为一体的新技术。高速数控机床主传动系统取消了带轮传动和齿轮传动。机床主轴由内装式电动机直接驱动，从而把机床主传动链的长度缩短为零，实现了机床的"零传动"。这种主轴电动机与机床主轴"合二为一"的传动结构形式，使主轴部件从机床的传动系统和整体结构中相对独立出来，因此可做成"主轴单元"，俗称"电主轴"（见图 6—1—4）。其不存在复杂的中间传动环节，具有调整范围广、振动噪声小、易控制、能实现准停、准速、准位等特点，加工效率和加工精度高。

图 6—1—4 用于普通加工中心作增速用的电主轴

1. 电主轴结构的基本构成

电动机的定子通过一个冷却套固装在电主轴的壳体中。这样，电动机的转子就是机床的主轴，电主轴的箱体就是电动机座，成为机电一体化的一种新型主轴系统。主轴的转速用电动机的变频调速与矢量控制装置来改变。在主轴的后部安装有齿盘和测速、测角传感器。主轴前端外伸部分的内锥孔和端面，用于安装和固定加工中心可换的刀柄。电主轴结构如图 6—1—5 所示，它通常由电主轴单元、轴承及其润滑单元、主轴冷却单元以及动平衡单元组成。

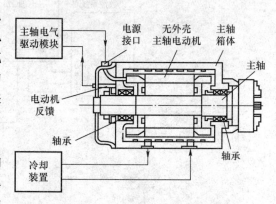

图 6—1—5 电主轴结构示意图

2. 典型结构

如图 6—1—6 所示为内装式电主轴的典型结构。电动机的转子与机床的主轴间是靠过盈套筒的过盈配合实现扭矩传递的，其过盈量是按所传递扭矩的大小计算出来的。在主轴上取消了一切形式的键连接和螺纹连接，便于使主轴运转部分达到精确的动平衡。由于转子内孔与主轴配合面之间有很大的过盈量，因此，在装配时必须先在油浴中将转子加热到200℃左右，然后迅速进行热压装配。电动机的定子通过一个冷却套固装在电主轴的壳体中。电主轴的过盈套筒直径为33～250 mm，有十几个规格，最高转速可达180 000 r/min，功率可达70 kW。

根据电动机和主轴轴承相对位置的不同，电主轴的布局有两种方式：

（1）电动机置于主轴前后两轴承之间（见图6—1—6a）

此种布局的优点是：电主轴单元的轴向尺寸较小，主轴刚度高、出力大，适用于大中型加工中心。大多数加工中心采用此种结构的布局方式。

（2）电动机置于后轴承之后（见图6—1—6b）

此时主轴箱与电动机作轴向同轴布置（也可用联轴器）。其优点是：前端的径向尺寸可减小，电动机的散热条件较好。但整个电主轴单元的轴向尺寸较大，与主轴的同轴度不易调整。这种布局方式常用于小型高速数控机床，尤其适用于加工模具型腔的高速精密机床。

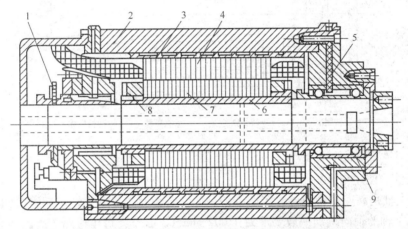

1—编码盘 2—电主轴壳体 3—冷却套 4—电动机定子 5—油气喷嘴
6—电动机转子 7—阶梯过渡套 8—平衡盘 9—角接触陶瓷球轴承

a)

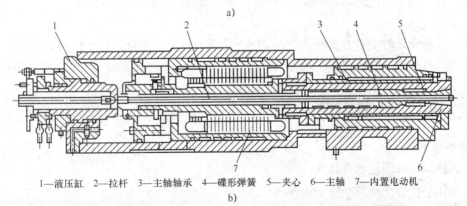

1—液压缸 2—拉杆 3—主轴轴承 4—碟形弹簧 5—夹心 6—主轴 7—内置电动机

b)

图6—1—6 内装式电主轴的典型结构

前后轴承间的跨距及主轴前端伸出量，均应按静刚度和动刚度的要求来计算。

另一种类型的电主轴结构采用内埋式永磁同步电动机，如图6—1—7所示。主轴部件由高速精密陶瓷轴承支承于电主轴的外壳中，外壳中还安装有电动机的定子铁芯和三相定子绕组。为了有效地散热，在外壳体内设置有冷却管路。主轴系统工作时，由冷却泵打进切削液，带走主轴单元内的热量，以保证电主轴的正常工作。主轴为空心结构，其内部和顶端安装有刀具的拉紧和松开机构，以实现刀具的自动换刀。主轴外套内有电动机转子，主轴端部还装有激光角位移传感器，以实现对主轴旋转位置的闭环控制，保证在自动换刀时能实现主轴的准停和螺纹加工时 C 轴与 Z 轴的正确联动。

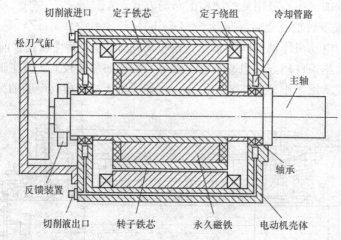

图6—1—7 内埋式永磁同步电动机电主轴结构

3. 电主轴的使用与维护

由于电主轴是高速精密元件，定期维护是非常有必要的。电主轴定期维护如下：

（1）电主轴的轴向跳动一般要求为 0.002 mm（2 μm），每年检测 2 次。

（2）电主轴内锥孔的径向跳动一般要求为 0.002 mm（2 μm），每年检测 2 次。

（3）电主轴芯棒远端（250 mm）径向跳动一般要求为 0.012 mm（12 μm），每年检测 2 次。

（4）碟形弹簧的张紧力要求为 16～27 kN（以 HSK63 为例），每年检测 2 次。

（5）拉刀杆松刀时伸出的距离为（10.5±0.1）mm（以 HSK63 为例），每年检测 4 次。

任务二　进给传动系统

【任务导入】

1. 联轴器的故障诊断与维修。

2. 滚珠丝杠螺母副的故障诊断与维修。

3. 齿轮传动装置的故障诊断与维修。

【任务描述】

数控机床的进给运动是数字控制的直接对象，无论是点位控制、直线控制还是轮廓控制，进给系统的定位精度、快速响应特性和稳定性都会直接影响被加工件的轮廓精度（形状和尺寸精度)、位置精度和表面粗糙度。无论是开环、半闭环还是闭环进给伺服系统,为了确保系统定位精度、快速响应特性和稳定性要求,在机械传动装置设计上,都力求无间隙、低摩擦、低惯性、高传动刚度和适宜的阻尼比。

【任务实施】

故障现象一:某半闭环控制的数控车床运行时,被加工零件径向尺寸呈忽大忽小的变化。

故障分析:检查控制系统及加工程序均正常,进一步检查传动链,发现伺服电动机与丝杠连接处的联轴器紧固螺钉松动,使电动机与丝杠产生相对运动。

由于机床是半闭环控制,机械传动部分误差无法得到修正,从而导致零件尺寸不稳定。

故障处理:紧固电动机与丝杠联轴器紧固螺钉后,故障排除。

故障现象二:反向误差大,加工精度不稳定。

分析与处理:

1. 丝杠轴联轴器锥套松动,重新紧固并用百分表反复测试。

2. 丝杠轴滑板配合压板过紧或过松,重新调整或修研,用 0.03 mm 塞尺塞不入为合格。

3. 丝杠轴滑板配合楔铁过紧或过松,重新调整或修研,使接触率达 70% 以上,用 0.03 mm 塞尺塞不入为合格。

4. 滚珠丝杠预紧力过紧或过松,调整预紧力,检查轴向窜动值,使其误差不大于 0.015 mm。

5. 滚珠丝杠螺母端面与结合面不垂直,结合过松,修理、调整或加垫处理。

6. 丝杠支座轴承预紧力过紧或过松,修理调整。

7. 滚珠丝杠制造误差大或轴向窜动,用控制系统自动补偿功能消除间隙,用仪器测量并调整丝杠窜动。

8. 润滑油不足或没有,调节至各导轨面均有润滑油。

故障现象三:齿轮的折断。

分析与处理:

1. 短时过载或受到冲击载荷。

2. 多次重复弯曲。

3. 齿根应力集中。

4. 淬火存在缺陷。

5. 齿轮轴歪斜,装配精度差。

处理方法:点动试车,减小冲击载荷;换新齿轮,严格按技术要求进行热处理;拆卸后逐步检修达到要求。

【任务链接】

一、联轴器

联轴器是用于轴与轴之间的连接,达到传递运动与动力目的的一种机械装置。联轴器对两轴的连接是固定的,必须在停车状态下将联轴器拆卸下来,才能实现两轴的分离。

被连接的两轴不可避免地存在制造安装误差、各种变形、传动中的振动等不利因素的影响，这就要求联轴器能有一定的缓冲吸振能力，同时还要能补偿轴线间的各种偏移。

一般地，两轴之间的轴线位置偏移常表现为图6—2—1所示的几种情况。各类偏移常会在轴、轴承和联轴器中产生附加载荷，甚至产生剧烈振动。

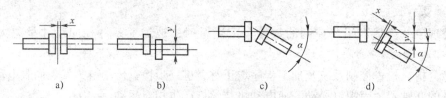

图6—2—1　联轴器所连接两轴的偏移形式

a）轴向位移 x　b）径向位移 y　c）偏角位移 α　d）综合位移 x、y、α

根据联轴器补偿两轴偏移能力的不同，可以把联轴器分成为刚性联轴器和挠性联轴器两大类。多数情况下，刚性联轴器无法补偿两轴的偏移，只能用于两轴轴线重合良好的情况下。而挠性联轴器按照其补偿轴线偏移的原理又可分为无弹性元件联轴器和弹性联轴器这两类，前者内部虽然没有弹性元件，但它却能依靠内部工作元件之间的动连接来实现两轴轴线的偏移的补偿。

二、滚珠丝杠螺母副

丝杠螺母副是将旋转运动转换为直线运动的传动装置。在数控机床上，常用的是滚珠丝杠螺母副和静压丝杠螺母副。

1. 滚珠丝杠螺母副的工作原理、特点及类型

滚珠丝杠螺母副的结构原理如图6—2—2所示，它由丝杠3、螺母2、滚珠4和反向器1（滚珠循环反向装置）等组成。丝杠3和螺母2上都有半圆弧形的螺旋槽，它们套装在一起时形成滚珠的螺旋滚道，在滚道内装满滚珠4。当丝杠旋转时，带动滚珠在滚道内既自转又沿螺纹滚道滚动，从而使螺母（或丝杠）轴向移动。为防止滚珠从滚道端面掉出，在螺母的螺旋槽上设有滚珠回程反向引导装置1，从而形成滚珠流动的闭合循环回路滚道，使滚珠能够返回循环滚动。

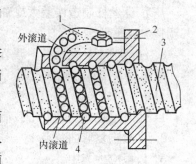

图6—2—2　滚珠丝杠螺母副

1—反向器　2—螺母　3—丝杠　4—滚珠

滚珠丝杠螺母副的特点有以下几点。

（1）摩擦损失小、传动效率高。

（2）丝杠螺母预紧后，可以完全消除间隙。传动精度高、刚度好。

（3）运动平稳性好，不易产生低速爬行现象。

（4）磨损小、使用寿命长、精度保持性好。

（5）不能自锁，有可逆性。既能将旋转运动转换为直线运动，也能将直线运动转换为旋转运动，可满足一些特殊要求的传动场合。当垂直使用时，应增加平衡或制动装置。

滚珠丝杠螺母副通常可根据多种方式进行分类：如按制造方法的不同分为普通滚珠丝杠副和滚轧滚珠丝杠副；按螺母形式可分为单侧法兰盘双螺母型滚珠丝杠螺母副、单侧法兰盘

单螺母型滚珠丝杠螺母副、双法兰盘双螺母型滚珠丝杠螺母副、圆柱双螺母型滚珠丝杠螺母副、圆柱单螺母型滚珠丝杠螺母副、简易螺母型滚珠丝杠螺母副等；按螺旋滚道型面分为单圆弧型面滚珠丝杠螺母副和双圆弧型面滚珠丝杠螺母副；按滚珠的循环方式可分为外循环式滚珠丝杠螺母副和内循环式滚珠丝杠螺母副。

2. 滚珠丝杠螺母副的结构

各种不同结构的滚珠丝杠螺母副的主要区别体现在螺旋滚道型面的形状、循环方式、轴向间隙的调整及预加负载的方法等方面。

（1）螺旋滚道型面的形状及其主要尺寸应注意以下几个方面。

1）单圆弧型面。如图6—2—3a所示，通常滚道半径稍大于滚珠半径。滚珠与滚道型面接触点法线与丝杠轴线的垂直线之间的夹角称为接触角 β。对于单圆弧型面的螺纹滚道，接触角是随轴向负荷的大小而变化。当接触角增大后，传动效率、轴向刚度以及承载能力随之增大。

2）双圆弧型面。如图6—2—3b所示，当偏心决定后，只在滚珠直径滚道内相切的两点接触，接触角不变。双圆弧交接处有一小空隙，可容纳一些润滑油脂或杂物。这对滚珠的流动有利。从有利于提高传动效率和承载能力及流动畅通等要求出发，接触角应选大些，但接触角过大，将使得制造较困难（磨滚道型面），建议取45°。

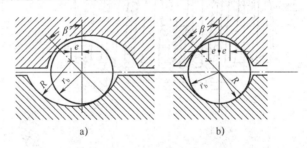

图6—2—3　螺旋滚道形状

a）单圆弧型面　b）双圆弧型面

（2）采用滚珠循环方式时应考虑以下几方面。

1）外循环式滚珠丝杠螺母副。如图6—2—4a所示是插管式滚珠丝杠螺母副，用一弯管作为返回管道，弯管的两端插在与螺纹滚道相切的两个孔内，用弯管的端部引导滚珠进入弯管，完成循环，其结构工艺性好，但管道突出于螺母体外，从而使得径向尺寸较大。如图6—2—4b所示是螺旋槽式滚珠丝杠螺母副，在螺母的外圆上铣有螺旋槽，槽的两端钻出通孔并与螺纹滚道相切，安装上挡珠器，挡珠器的舌部切断螺旋滚道，迫使滚珠流向螺旋槽的孔中而完成循环。外循环式结构制造工艺简单，使用较广泛，其缺点是滚道接缝处很难做得平滑，影响滚珠滚动的平稳性，且噪声较大。

2）内循环式滚珠丝杠螺母副。如图6—2—5所示为内循环式滚珠丝杠螺母副，在螺母外侧孔中装有接通相邻滚道的圆柱凸键式反向器，反向器上铣有S形回珠槽，以迫使滚珠翻越丝杠的齿顶而进入相邻滚道，实现循环。一般一个螺母上装有2～4个反向器，反向器彼此沿螺母圆周等分分布，轴向间隔为螺距。内循环式滚珠丝杠螺母副径向尺寸紧凑、刚度好，因其返回轨道较短，摩擦损失小，缺点是反向器加工困难。

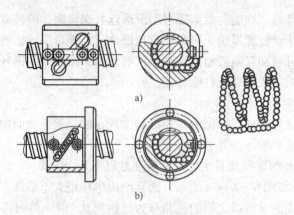

图6—2—4　外循环式滚珠丝杠螺母副
a）插管式　b）螺旋槽式

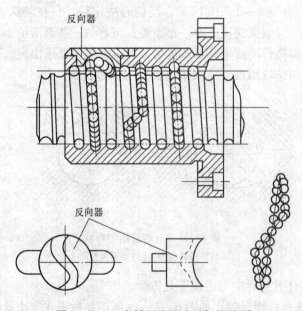

反向器

反向器

图6—2—5　内循环式滚珠丝杠螺母副

3. 滚珠丝杠螺母副轴向间隙的调整和施加预紧力的方法

滚珠丝杠螺母副的轴向间隙，是负载在滚珠与滚道型面接触点的弹性变形所引起的螺母位移量和螺母原有间隙的总和。为了保证滚珠丝杠螺母副的传动刚度和反向传动精度，必须要消除其轴向间隙。消除间隙和预紧的方法通常是采用双螺母结构，其原理是使两个螺母间产生相对轴向位移，使两个螺母中的滚珠分别贴紧在螺旋滚道的两个相反侧面上，以达到消除间隙、产生预紧力的目的。滚珠丝杠螺母副用预紧方法消除轴向间隙时，应注意预紧力不宜过大，预紧力过大会使摩擦阻力增大，从而降低传动效率，缩短使用寿命。

常用的双螺母消除轴向间隙的结构形式有以下3种。

（1）垫片调隙式

如图6—2—6所示，通常用螺钉来连接滚珠丝杠两个螺母的凸缘，并在凸缘间加垫片，调整垫片的厚度使螺母产生轴向位移，即可消除间隙和产生预紧力。这种方法结构简单、可靠性好、刚度高，但调整费时，且在工作中不能随时调整。

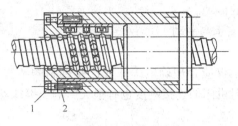

图6—2—6　垫片式消隙
1—螺钉　2—调整垫片

（2）螺纹调隙式

如图6—2—7所示，两个螺母以平键3与螺母座相连，其中左螺母的外端有凸缘，而右螺母的外端制有螺纹，在套筒外用圆螺母1和锁紧螺母2固定着。旋转圆螺母1时，即可消除间隙，并产生预拉紧力，调整好后再用锁紧螺母2把它锁紧。这种结构调整方便，可以在使用过程中随时调整，但预紧力大小不易准确控制。

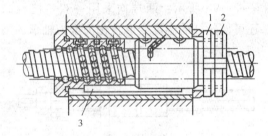

图6—2—7　螺纹式消隙
1—圆螺母　2—锁紧螺母　3—平键

（3）齿差调隙式

如图6—2—8所示，在两个螺母的凸缘上各制有齿数为z_1、z_2的圆柱齿轮，其齿数相差一个齿，分别与紧固在套筒两端的内齿圈相啮合。调整时，先取下两端的内齿圈，根据间隙的大小，将两个螺母分别同方向转动若干相同的齿数，然后再合上内齿圈，则两个螺母便产生相对角位移，从而使螺母在轴向相对移动距离达到消除间隙的目的。若两螺母分别在同方

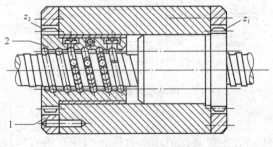

图6—2—8　齿差式消隙
1—内齿圈　2—齿轮

向转动的齿数为 z，滚珠丝杠螺母副的导程为 P，则相对两螺母的轴向位移量（即消除间隙量）$S = z \cdot P/(z_1 \cdot z_2)$。这种调整方法能精确调整预紧量，调整方便可靠，但结构较复杂、尺寸较大，多用于高精度的传动。

4. 滚珠丝杠螺母副的支承与制动

（1）支承方式

为了提高传动刚度，不仅应合理确定滚珠丝杠螺母副的结构和参数，而且螺母座的结构、丝杠两端的支承形式对机床的连接刚度也有很大影响。滚珠丝杠常用的支承方式有以下几种。

1）一端固定一端自由。如图 6—2—9a 所示，这种安装方式的承载能力小，轴向刚度低，仅适合于短丝杠。一般用于数控机床的调节环节和升降台式数控铣床的垂直坐标中。

2）两端各装一个角接触球轴承。如图 6—2—9b 所示，用于丝杠较长的情况。这种方式轴向刚度小，只适用于对刚度和位移精度要求不高的场合。

3）一端固定一端支持。如图 6—2—9c 所示，当热变形造成丝杠伸长时，其一端固定，另一端能做微量的轴向浮动，可减少丝杠热变形的影响。适用于对刚度和位移精度要求较高的场合，适用于较长丝杠。

4）两端固定。如图 6—2—9d 所示，两端均采用一双角接触球轴承支承并施加预紧，使丝杠具有较大的刚度，还可使丝杠的温度变形转化为推力轴承的预紧力。这种方式适用于长丝杠。

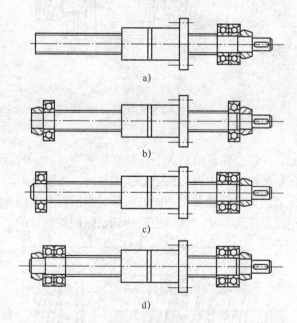

图 6—2—9　滚珠丝杠在机床上的支承方式

（2）制动方式

滚珠丝杠螺母副的传动效率很高，但不能自锁，当用在垂直传动或水平放置的高速大惯量传动中时，必须装有制动装置。常用的制动方法有超越离合器、电磁摩擦离合器或者使用具有制动装置的伺服驱动电动机。

三、齿轮传动

在数控机床进给伺服系统中采用齿轮传动的目的有：将高转速低扭矩伺服电动机的输出，改变为低转速大转矩执行件的输出；使滚珠丝杠螺母副和工作台的转动惯量在系统中占有较小比率。此外，对开环系统还可以保证所要求的运动精度。若齿轮传动副存在间隙，则会使进给运动反向滞后于指令信号，造成反向死区，影响其传动精度和系统的稳定性，常用的消除齿轮间隙的方法有以下几种。

1. 直齿圆柱齿轮传动副

（1）偏心套调整法

如图 6—2—10 所示为偏心套消隙结构，电动机 1 通过偏心套 2 安装到机床壳体上，通过转动偏心套，就可以调整两齿轮的中心距，从而消除齿侧间隙。

（2）轴向垫片调整法

如图 6—2—11 所示，在加工相啮合的齿轮 1 和齿轮 2 时，将分度圆柱面制成带有小锥度的圆锥面，使其在齿厚、齿轮的轴向稍有变化。调整时，只要改变垫片 3 的厚度使齿轮 2 做轴向移动，调整两齿轮的轴向相对位置，就可以消除齿侧间隙。

以上两种方法的特点是结构简单、能传递较大转矩、传动刚度较好，但齿侧间隙调整后不能自动补偿，故又称为刚性调整法。

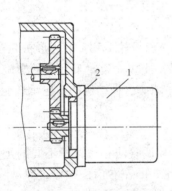

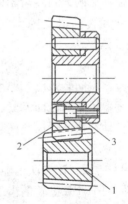

图 6—2—10　偏心套调整法
1—电动机　2—偏心套

图 6—2—11　轴向垫片调整法
1、2—齿轮　3—垫片

（3）双片齿轮错齿调整法

如图 6—2—12a 所示是双片齿轮周向可调弹簧错齿消隙结构。两个相同齿数的薄齿轮 1 和 2 与另一个宽齿轮啮合，两薄齿轮可相对回转。在两个薄齿轮 1 和 2 的端面上均匀分布着 4 个螺孔，用于安装凸耳 3 和 8。齿轮 1 的端面还有另外 4 个通孔，凸耳 8 可以在其中穿过。弹簧 4 的两端分别钩在凸耳 3 和调节螺钉 7 上，通过螺母 5 调节弹簧 4 的拉力，调节完毕用螺母 6 锁紧。弹簧的拉力使薄齿轮错位，即两个薄齿轮的左右齿而分别贴在宽齿轮槽的左右齿面上，从而消除了齿侧间隙。

如图6—2—12b所示是双片齿轮周向弹簧错齿消隙结构。两片薄齿轮1和2套装在一起，每片齿轮各开有两条周向通槽。齿轮的端面上装有短柱3，用来安装弹簧4。装配时为使弹簧4具有足够的拉力，两个薄齿轮的左右面分别与宽齿轮的左右面贴紧，以消除齿侧间隙。

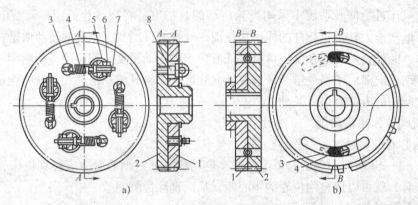

图6—2—12　双片齿轮周向弹簧错齿消隙结构
1、2—薄齿轮　3、8—凸耳或短柱　4—弹簧　5、6—螺母　7—螺钉

采用双片齿轮错齿法调整间隙结构，在齿轮传动时，由于正向和反向旋转分别只有一片齿轮承受转矩，因此承载能力有限，而且弹簧的拉力要能克服最大转矩，否则起不到消隙作用，故称为柔性调整法。这种结构装配好后能自动消除（补偿）齿侧间隙，可始终保持无间隙啮合，是一种常见的无间隙齿轮传动结构，适用于负荷不大的传动装置。

2. 斜齿圆柱齿轮传动副

（1）轴向垫片调整法

如图6—2—13所示，其原理与错齿调整法相同。斜齿轮1和2的齿形拼装在一起加工，装配时在两薄片齿轮之间装入已知厚度为 t 的垫片4，使薄片齿轮1和2的螺旋面错开，其左右两面分别与宽齿轮3的齿面贴紧，消除了齿侧间隙。这种结构的齿轮承载能力较小，调整费时，且不能自动补偿消除齿侧间隙。

（2）轴向压簧调整法

如图6—2—14所示，该方法消隙原理与轴向垫片调整法相似，所不同的是齿轮2右面的弹簧5的压力使两个薄片齿轮的齿面分别与宽齿轮3的左右齿面贴紧，以消除齿侧间隙。弹簧5的压力可通过螺母4来调整。压力的大小要调整合适，压力过大会加快齿轮磨损，压力过小则达不到消隙的作用。这种结构能自动消除齿轮间隙，使齿轮始终保持无间隙啮合，但它只适用于负载较小的场合，并且结构的轴向尺寸较大。

3. 锥齿轮传动副

锥齿轮同圆柱齿轮一样，可用上述类似的方法来消除齿侧间隙，通常采用的调整方法是轴向压簧调整法和周向弹簧调整法。

（1）轴向压簧调整法

如图6—2—15所示，两个啮合着的锥齿轮1和2，锥齿轮1的传动轴5上装有压簧3，锥齿轮1在弹簧力的作用下可稍做轴向移动，从而消除齿侧间隙。弹簧力的大小由螺母4调节。

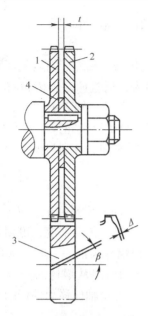

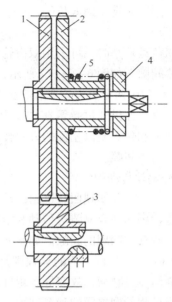

图 6—2—13　斜齿轮轴向垫片调整法

1、2、3—齿轮　4—垫片

图 6—2—14　斜齿轮轴向压簧调整法

1、2、3—齿轮　4—螺母　5—弹簧

（2）周向弹簧调整法

如图 6—2—16 所示，将一对啮合锥齿轮中的一个齿轮做成大小两片 1 和 2，在大片上制有 3 个圆弧槽，而在小片的端面上制有 3 个凸爪 6，凸爪 6 伸入大片的圆弧槽中。弹簧 4 一端顶在凸爪 6 上，而另一端顶在镶块 3 上，利用弹簧力使大小片锥齿轮稍微错开，从而达到消除齿侧间隙的目的。

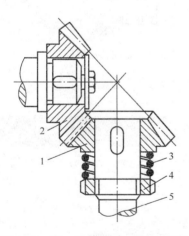

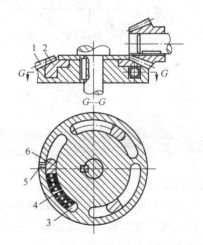

图 6—2—15　锥齿轮轴向压簧调整法

1、2—锥齿轮　3—压簧　4—螺母　5—传动轴

图 6—2—16　锥齿轮周向弹簧调整法

1、2—锥齿轮　3—镶块　4—弹簧　5—螺钉　6—凸爪

4. 齿轮齿条传动副

在大型数控机床（如大型数控龙门铣床）中，工作台的行程很大，其进给运动不宜采

用滚珠丝杠副来实现，因太长的丝杠易下垂，将影响丝杠的传动精度和工作性能，故常采用齿轮齿条传动。

当驱动负载较小时，可采用双齿轮错齿调整法，分别与齿条齿槽左、右两侧面贴紧，从而消除齿侧间隙。如图 6—2—17 所示，进给运动由轴 2 输入，通过两对斜齿轮将运动传给轴 1 和 3，然后由两个直齿轮 4 和 5 去传动齿条，带动工作台移动。轴 2 上两个斜齿轮的螺旋线方向相反。如果通过弹簧在轴 2 上作用一个轴向力 F，则使斜齿轮产生微量的轴向移动，这时轴 1 和轴 3 便以相反的方向转过微小的角度，使齿轮 4 和 5 分别与齿条的两齿面贴紧，消除了齿侧间隙。

5. 蜗杆蜗轮传动副

当数控机床上要实现回转进给运动或大降速比的传动要求时，常采用蜗杆蜗轮传动副。蜗杆蜗轮传动副的啮合侧隙对传动和定位精度影响很大，为了提高传动精度，可用双导程蜗杆来消除或调整传动副的间隙。如图 6—2—18 所示，双导程蜗杆齿的左、右两侧面具有不同的导程 $t_左$、$t_右$，而同一侧的导程则是相等的，因此该蜗杆的齿厚从蜗杆的一端向另一端均匀地逐渐增厚或减薄，故双导程蜗杆又称为变齿厚蜗杆，即可用轴向移动蜗杆的办法来消除或调整蜗杆蜗轮副之间的啮合间隙。

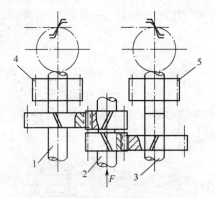

图 6—2—17　双齿轮错齿调整法
1、2、3—轴　4、5—齿轮

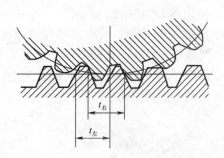

图 6—2—18　轴向移动蜗杆调整法

任务三　导轨副

【任务导入】

1. 能按图样要求正确装配导轨并调试。

2. 能正确使用工具、量具检测导轨的相关精度。

【任务描述】

机床导轨是机床上各个部件移动和测量的基准，也是各个部件的安装基础。机床的床身、立柱、工作台、床鞍、滑座等部件上均有导轨。导轨是车削类机床、铣削类机床上的重要部件，导轨是在机床上用来支承和引导部件沿着一定的轨迹准确运动或起夹紧定位作用的轨道。轨道的准确度和移动精度，直接影响机床的加工精度。

【任务实施】

故障现象一：某加工中心运行时，工作台 X 轴方向位移接近行程终端过程中产生明显的机械振动故障，故障发生时系统不报警。

分析及处理过程：因故障发生时系统不报警，但故障明显，故通过交换法检查，确定故障部位应在 X 轴伺服电动机与丝杠传动链一侧；为区别电动机故障，可拆卸电动机与滚珠丝杠之间的弹性联轴器，单独通电检查电动机。检查结果表明，电动机运转时无振动现象，显然故障部位在机械传动部分。脱开弹性联轴器，用扳手转动滚珠丝杠进行手感检查；通过手感检查，发现工作台 X 轴方向位移接近行程终端时，感觉到阻力明显增加。拆下工作台检查，发现滚珠丝杠与导轨不平行，故而引起机械转动过程中的振动现象。经过认真修理、调整后，重新装好，故障排除。

故障现象二：X 轴电动机过热报警

分析及处理过程：电动机过热报警，产生的原因有多种，除伺服单元本身的问题外，可能是切削参数不合理，亦可能是传动链上有问题。而该机床的故障原因是导轨镶条与导轨间隙太小，调得太紧。松开镶条防松螺钉，调整镶条螺栓，使运动部件运动灵活，保证 0.03 mm 的塞尺不得塞入，然后锁紧防松螺钉，故障排除。

故障现象三：某加工中心运行时，工作台 Y 轴方向位移接近行程终端过程中丝杠反向间隙明显增大，机床定位精度不合格。

分析及处理过程：故障部位明显在 Y 轴伺服电动机与丝杠传动链一侧；拆卸电动机与滚珠丝杠之间的弹性联轴器，用扳手转动滚珠丝杠进行手感检查。通过手感检查，发现工作台 Y 轴方向位移接近行程终端时，感觉到阻力明显增加。拆下工作台检查，发现 Y 轴导轨平行度严重超差，故而引起机械转动过程中阻力明显增加，滚珠丝杠弹性变形，反向间隙增大，导致机床定位精度不合格。经过认真修理、调整后，重新装好，故障排除。

【任务链接】

一、塑料滑动导轨

滑动导轨（见图6—3—1）具有结构简单、制造方便、刚度高、抗振性好等优点。传统的铸铁—铸铁、铸铁—淬火钢导轨，存在的缺点是静摩擦系数大，而且动摩擦系数随速度变化而变化，摩擦损失大，低速（1~60 mm/min）时易出现爬行现象，从而降低了运动部件的定位精度，故除经济型数控机床外，在其他数控机床上已不采用。

目前，数控机床多数使用贴塑导轨，即在动导轨的摩擦表面上贴上一层由塑料等其他化学材料组成的塑料薄膜软带，以提高导轨的耐磨性，降低摩擦系数。

贴塑导轨的优点是：摩擦系数低，在 0.03~0.05 范围内，动静摩擦系数接近，不易产生爬行现象；接合面抗咬合磨损能力强，减振性好；耐磨性高，与铸铁—铸铁摩擦副相比可提高 1~2 倍；化学稳定性好（耐水、油）；可加工性能好、工艺简单、成本低；当有硬粒落入导轨面上时，也可挤入塑料内部，避免了磨损和研伤导轨。

导轨塑料常用聚四氟乙烯导轨软带和环氧耐磨导轨涂层两类。贴塑滑动导轨的特点是摩擦特性好、耐磨性好、运动平稳、减振性好、工艺性好。

塑料滑动导轨的类型主要由贴塑导轨、注塑导轨和圆周运动导轨。

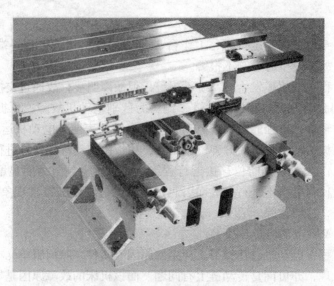

图 6—3—1　滑动导轨

1. 贴塑导轨

贴塑导轨是在导轨滑动面上贴一层抗磨塑料软带。贴塑导轨软带以聚四氟乙烯（PTFE）为基材，青铜粉、二硫化钼和石墨等填充剂混合制成，并做成软带状。聚四氟乙烯是现有材料中摩擦系数最小（0.04）的一种，但纯的聚四氟乙烯不耐磨，因此需要添加一些填充剂。塑料软带可切成任意大小和形状，用黏结剂黏结在导轨基面上，由于这类导轨软带用黏结方法，习惯上称贴塑导轨。

2. 注塑导轨

注塑导轨的涂层是以环氧树脂和二硫化钼为基体，加入增塑剂，混合成液状或膏状为一组分，以固化剂为另一组分的双组分塑料涂层。

特点：

（1）有良好的可加工性，可经车、铣、刨、钻、磨削和刮削加工。

（2）良好的摩擦特性和耐磨性，而且抗压强度比聚四氟乙烯导轨软带要高，固化时体积不收缩，尺寸稳定。

（3）可在调整好固定导轨和运动导轨间的相关位置精度后注入涂料，这样可节省许多加工工时。

（4）特别适用于重型机床和不能用导轨软带的复杂配合型面。

3. 圆周运动导轨

圆周运动导轨主要用于圆形工作台、转盘和转塔等旋转运动部件，常见的有：

（1）平面圆环导轨，必须配有工作台心轴轴承，应用得较多。

（2）锥形圆环导轨，能承受轴向和径向载荷，但制造较困难。

（3）V 形圆环导轨，制造复杂。

二、滚动导轨

滚动导轨（见图 6—3—2 和图 6—3—3）是在导轨面之间放置滚珠、滚柱、滚针等滚动体，使导轨面之间的滑动摩擦变成为滚动摩擦。滚动导轨与滑动导轨相比，其优点是：灵敏度高，且其动摩擦与静摩擦系数相差甚微，因而运动平稳，低速移动时，不易出现爬行现象；定位精度高，重复定位精度可达 0.2 μm；摩擦阻力小，移动轻便，磨损小，精度保持性好，使用寿命长。但滚动导轨的抗振性较差，对防护要求较高。

图6—3—2　直线滚动导轨

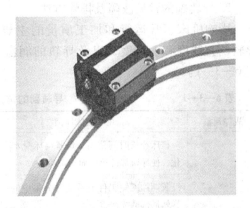

图6—3—3　弧形滚动导轨

　　滚动导轨特别适用于机床的工作部件要求移动均匀、运动灵敏及定位精度高的场合。这是滚动导轨在数控机床上得到广泛应用的原因。

三、静压导轨

1. 静压导轨的分类

静压导轨可分为液体静压导轨和气体静压导轨。

液体静压导轨的两导轨工作面之间开有油腔，通入具有一定压力的润滑油后，可形成静压油膜，使导轨工作表面处于纯液体摩擦，不产生磨损，精度保持性好；同时，摩擦系数也极低，使驱动功率大大降低；低速无爬行，承载能力大，刚度好；此外，油液有吸振作用，抗振性好。其缺点是结构复杂，要有供油系统，油的清洁度要求高。静压导轨在机床上得到日益广泛的应用。液体静压导轨可分为开式和闭式两大类。如图6—3—4所示为开式静压导轨工作原理。

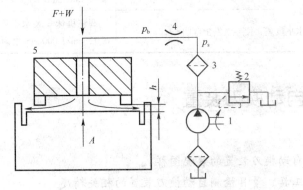

图6—3—4　开式静压导轨工作原理

1—液压泵　2—溢流阀　3—精滤油器　4—节流阀　5—运动导轨

空气静压导轨在两导轨工作面之间通入具有一定压力的气体后，可形成静压气膜，使两导轨面均匀分离，以得到高精度的运动；同时，摩擦系数小，不易引起发热变形，但会随空气压力波动而使空气膜发生变化，且承载能力小，常用于负载不大的场合。此外，必须注意导轨面的防尘，因为尘埃落入空气导轨面内会引起导轨面的损伤。

2. 导轨副的常见故障及排除方法

影响机床正常运行和加工质量的主要环节是：导轨副间隙、滚动导轨副的预紧力、导轨的直线度和平行度，以及导轨的润滑、防护装置。导轨副的常见故障及排除方法见表6—3—1。

表6—3—1　　　　　　　　　　　　导轨副的常见故障及排除方法

故障现象	故障原因	排除方法
导轨研伤	机床经长时间使用，地基与床身水平度有变化，使导轨局部单位面积负荷过大	定期进行床身导轨的水平度调整，或修复导轨精度
	长期加工短工件或承受过分集中的负荷，使导轨局部磨损严重	注意合理分布短工件的安装位置，避免负荷过分集中
	导轨润滑不良	调整导轨润滑油量，保证润滑油压力
	导轨材质不佳	采用电镀加热自冷淬火对导轨进行处理，导轨上增加锌铝铜合金板，以改善摩擦情况
	刮研质量不符合要求	提高刮研修复的质量
	机床维护不良，导轨里落入脏物	加强机床保养，保护好导轨防护装置
	导轨面研伤	用180#砂布修磨机床与导轨面上的研伤
导轨上移动部件运动不良或不能移动	导轨压板研伤	卸下压板，调整压板与导轨间隙
	导轨镶条与导轨间隙太小，调得太紧	松开镶条防松螺钉，调整镶条螺栓，使运动部件运动灵活，保证0.03 mm的塞尺不得塞入，然后锁紧防松螺钉
	导轨直线度超差	调整或修刮导轨，允差0.015 mm/500 mm
加工面在接刀处不平	工作台镶条松动或镶条弯度太大	调整镶条间隙，镶条弯度在自然状态下小于0.05 mm/全长
	机床水平度差，使导轨发生弯曲	调整机床安装水平度，保证平行度、垂直度在0.02 mm/1 000 mm之内

任务四　自动换刀装置

【任务导入】

1. 能正确识读自动换刀装置的装配图样。

2. 能正确使用工具、量具检测自动换刀装置的相关精度。

3. 能正确判断自动换刀装置的机械故障。

【任务描述】

自动换刀装置是数控机床的重要执行机构，它的形式多种多样，目前常见的有回转刀架换刀、排式刀架换刀、更换主轴头换刀、带刀库的自动换刀系统。加工中心上的自动换刀装置由刀库和刀具交换装置组成，用于交换主轴与刀库中的刀具或工具。

【任务实施】

故障现象一：经济型数控车床刀架连续运转、到位不停

分析与处理：由于刀架能够连续运转，所以，机械方面出现故障的可能性较小，主要从电气方面检查：检查刀架到位信号是否发出，若没有到位信号，则是发讯盘故障。可检查发讯盘弹性触头是否磨坏、发讯盘地线是否断路或接触不良或漏接。此时需要更换弹性片触头或重修，针对其线路中的继电器接触情况、到位开关接触情况、线路连接情况相应地进行线路故障排除。当仅出现某号刀不能定位时，则是由于该号刀位线断路所致。

故障现象二：经济型数控车床刀架不能正常夹紧

分析与处理：出现该故障时，首先检查夹紧开关位置是否固定不当，并调整至正常位置；其次，用万用表检查其相应线路继电器是否能正常工作，触点接触是否可靠。若仍不能排除，则应考虑刀架内部机械配合是否松动。有时会出现由于内齿盘上有碎屑造成夹紧不牢而使定位不准，此时，应调整其机械装配并清洁内齿盘。

故障现象三：刀架越位过冲或转不到位

分析与处理：刀架越位过冲故障的机械原因可能性较大，主要是后靠装置不起作用。首先检查后靠定位销是否灵活，弹簧是否疲劳。此时应修复定位销使其灵活或更换弹簧。其次，检查后靠棘轮与蜗杆连接是否断开，若断开，需更换连接销。若仍出现过冲现象，则可能是由于刀具太长或过重，应更换弹性模量稍大的定位销弹簧。

出现刀架运转不到位（有时中途位置突然停留），主要是由于发讯盘触点与弹性片触点错位，即刀位信号胶木盘位置固定偏移所致。此时，应重新调整发讯盘与弹性片触头位置并固定牢靠。若仍不能排除故障，则可能是发讯盘夹紧螺母松动，造成位置移动。

故障现象四：经济型数控车床刀架不能启动

分析与处理：

1. 电器方面的原因

（1）手动换刀正常、机控不换刀，应重点检查数控系统与刀架控制器引线、数控系统I/O接口及刀架到位回答信号。

（2）电源通，电动机反转，可确定为电动机相序接反。通过检查线路，变换相序排除。

（3）电源不通、电动机不转。检查熔断器是否完好、电源开关是否良好接通、开关位置是否正确。当用万用表测量电容时，电压值是否在规定范围内，可通过更换熔断器、调整开关位置、使接通部位接触良好等相应措施来排除。除此以外，电源不通的原因还可考虑刀架至控制器断线、刀架内部断线、电刷式霍尔元件位置变化导致不能正常通断等情况。

2. 机械方面的原因

（1）刀架内部机械卡死

当从蜗杆端部转动蜗杆时，顺时针方向转不动，其原因是机械卡死。首先，检查夹紧装置反靠定位销是否在反靠棘轮槽内，若在，则需将反靠棘轮与螺杆连接销孔回转一个角度重

新打孔连接；其次，检查中心轴螺母是否锁死，如螺母锁死，应重新调整；最后，由于润滑不良造成旋转件研死，此时，应拆开观察实际情况，加以润滑处理。

（2）刀架预紧力过大

当用六角扳手插入蜗杆端部旋转时不易转动，而用力时，可以转动，但下次夹紧后刀架仍不能启动。此种现象出现，可确定刀架不能启动的原因是预紧力过大，可通过调小刀架电动机夹紧电流排除之。

故障现象五：刀库不能转动或转动不到位；刀套不能夹紧刀具；刀套上下不到位等。

分析与处理：

1. 刀库不能转动的原因

（1）连接电动机轴与蜗杆轴的联轴器松动。

（2）变频器故障，应检查变频器的输入、输出电压是否正常。

（3）PLC 无控制输出，可能是接口板中的继电器失效。

（4）机械连接过紧。

（5）电网电压过低。

2. 刀套不能夹紧刀具的原因

可能是刀套上的调整螺钉松动，或弹簧太松，造成卡紧力不足，或刀具超重。

3. 刀套上下不到位的原因

可能是装置调整不当或加工误差过大而造成拨叉位置不正确，也可能是限位开关安装不正确或调整不当而造成反馈信号错误。

故障现象六：刀具夹不紧掉刀、刀具夹紧后松不开、刀具交换时掉刀。

分析与处理：

（1）刀具夹不紧掉刀原因可能是卡紧爪弹簧压力过小，或弹簧后面的螺母松动，或刀具超重，或机械手卡紧锁不起作用等。

（2）刀具夹紧后松不开原因可能是拉杆的弹簧压合过紧，卡爪缩不回，此时应调松螺母，使最大载荷不超过额定数值。

（3）刀具交换时掉刀的原因可能是换刀时主轴箱没有回到换刀点或换刀点漂移，机械手抓刀时没有到位就开始拔刀。这时应重新移动主轴箱，使其回到换刀点位置，重新设定换刀点。

【任务链接】

一、刀架换刀

数控车床上使用的回转刀架是一种最简单的自动换刀装置，根据不同加工对象，可以设计成四方刀架和转塔刀架等多种形式，如图6—4—1所示。回转刀架上分别安装着四把、六把或更多的刀具，并按数控装置的指令换刀。

1. 电动刀架结构

数控车床回转刀架动作的要求是：刀架抬起、刀架转位、刀架定位和刀架夹紧。为完成上述动作要求，要有相应的机构，下面就以四工位刀架（见图6—4—2）为例说明其具体结构。

该刀架可以安装四把不同的刀具，转位信号由加工程序指定。当换刀指令发出后，小型

图6—4—1 四方刀架和转塔刀架

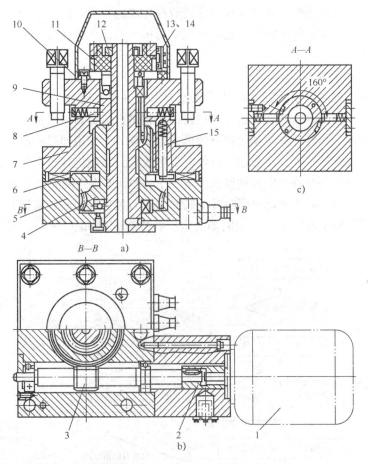

图6—4—2 数控车床方刀架结构

1—电动机 2—联轴器 3—蜗杆轴 4—蜗轮丝杠 5—刀架底座 6—粗定位盘 7—刀架体
8—球头销 9—转位套 10—电刷座 11—发信体 12—螺母 13、14—电刷 15—粗定位销

电动机1启动正转，通过平键套筒联轴器2使蜗杆轴3转动，从而带动蜗轮丝杠4转动。刀架体7内孔加工有螺纹，与丝杠连接，蜗轮与丝杠为整体结构。当蜗轮开始转动时，由于加工在刀架底座5和刀架体7上的端面齿处在啮合状态，且蜗轮丝杠轴向固定，这时刀架体7抬起。当刀架体抬至一定距离后，端面齿脱开。转位套9用销钉与蜗轮丝杠4连接，随蜗轮丝杠一同转动，当端面齿完全脱开，转位套正好转过160°，如图6—4—2中A—A剖示所

示，球头销 8 在弹簧力的作用下进入转位套 9 的槽中，带动刀架体转位。刀架体 7 转动时带着电刷座 10 转动，当转到程序指定的刀号时，粗定位销 15 在弹簧的作用下进入粗定位盘 6 的槽中进行粗定位，同时电刷 13 接触导体使电动机 1 反转，由于粗定位槽的限制，刀架体 7 不能转动，使其在该位置垂直落下，刀架体 7 和刀架底座 5 上的端面齿啮合实现精确定位。电动机继续反转，此时蜗轮停止转动，蜗杆轴 3 自身转动，当两端面齿增加到一定夹紧力时，电动机 1 停止转动。

译码装置由发信体 11、电刷 13、14 组成，电刷 13 负责发信，电刷 14 负责位置判断。当刀架定位出现过位或不到位时，可松开螺母 12，调好发信体 11 与电刷 14 的相对位置。

这种刀架在经济型数控车床及卧式车床的数控化改造中得到广泛的应用。回转刀架一般采用液压缸驱动转位和定位销定位，也有采用电动机—马氏机构转位和鼠盘定位，以及其他转位和定位机构。

2. 电动刀架换刀流程

数控刀架换刀有两种模式，一种是手动换刀，另一种是通过 T 指令进行自动换刀。手动换刀是指将机床调至手动状态，通过刀位选择按键进行目标刀位选择，有的系统是利用波段开关的形式实现，有的系统是利用记数的形式来实现。比如说通过检测刀位选择信号的状态，如果按下刀位选择按键，计数器的数值会发生改变，系统选择也会发生相应的改变。也可以采用单键换刀，一个短促的按键可以换下一个刀位。T 指令换刀是直接通过编程刀号作为目标刀位进行换刀。刀架电动机顺时针旋转时为选刀过程，逆时针旋转时为锁紧过程，选刀监控时间和锁紧监控时间由 PLC 定时器决定。其控制流程如图 6—4—3 所示。

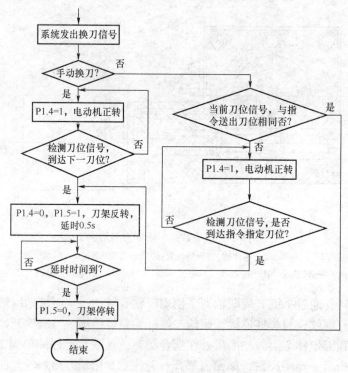

图 6—4—3 电动刀架换刀流程图

二、机械手与刀库

刀库是自动换刀装置的主要部件，其容量、布局以及具体结构对数控机床的设计有很大的影响。根据刀库所需要的容量和取刀的方式，可以将刀库设计成多种形式。

1. 常见的换刀方式

（1）单盘式刀库及无机械手换刀机构

单盘式刀库（见图6—4—4）俗称斗笠式刀库（像个大斗笠），一般只能存放 15～30 把刀具。这种斗笠式刀库在换刀时整个刀库 5 向主轴 3 移动。当主轴上的刀具 4 进入刀库的卡槽时，主轴向上移动脱离刀具，这时刀库转动。当要换的刀具对正主轴正下方时主轴下移，使刀具进入主轴锥孔内，夹紧刀具后，刀库退回原来的位置。单盘式刀库的结构简单，取刀比较方便，因此应用最为广泛。

（2）链式刀库及换刀机械手

链式刀库（见图6—4—5）的特点是存刀多，一般都在 20 把以上，多的可以存放 100 把。它是通过链条将要换的刀具传到指定位置，由机械手把刀装到主轴上，全部换刀动作均采用电动机加机械凸轮的结构，结构简单、工作可靠，但是价格很高。

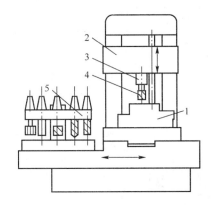

图6—4—4 单盘式刀库及无机械手换刀示意图
1—工件 2—主轴箱 3—主轴 4—刀具 5—刀库

图6—4—5 链式刀库及无机械手换刀示意图

2. 机械手典型结构

（1）机械手抓刀部分结构

如图6—4—6所示为机械手抓刀部分结构。它主要由手臂 3 和固定于其两端的结构完全相同的两个手爪 1 组成。手爪上握刀的圆弧部分有一锥销 2，机械手抓刀时，该锥销插入刀柄的键槽中。

当机械手由原位转 75° 抓住刀具时，两手爪上的长销 7 分别被主轴前端面和刀库上的挡块压下，使轴向开有长槽的活动销 6 在弹簧 4 的作用下右移顶住刀具。机械手拔刀时，长销 7 与挡块脱离接触，锁紧销 8 被弹簧 5 弹起，使活动销顶住刀具不能后退，这样机械手在回转 180° 时，刀具不会被甩出。当机械手上升插刀时，两长销 7 又分别被两挡块压下，锁紧销从活动销孔中退出，松开刀具，机械手便可反转 75° 复位。

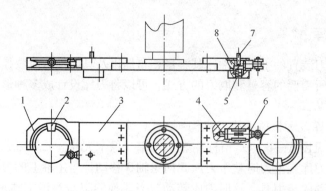

图6—4—6　机械手臂和手爪

1—手爪　2—锥销　3—手臂　4、5—弹簧　6—活动销　7—长销　8—锁紧销

（2）传动结构

图6—4—7所示为刀库所采用的机械手结构示意图。如前述刀库结构，刀套向下转90°后，压下行程开关，发出机械手抓刀信号。此时，机械手21正处在图中所示的上面位置，液压缸18右腔通压力油，活塞杆推动齿条17向左移动，带动齿轮11转动（连接盘与齿轮11用螺栓连接，它们空套在机械手臂轴16上，传动盘10与机械手臂轴16用花键连接），使机械手回转75°抓刀。抓刀动作结束，齿条17上的挡环12压下行程开关14，发出拔刀信号，于是升降液压缸15的上腔通压力油，活塞杆推机械手臂轴16下降拔刀。在轴16下降时，传动盘10随之下降，其下端的销子8插入连接盘5的销孔中，连接盘5和下面的齿轮4

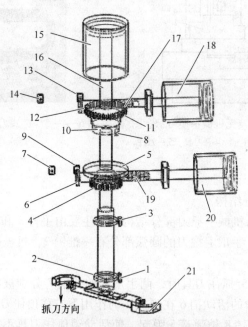

图6—4—7　机械手传动结构示意图

1、3、7、9、13、14—行程开关　2、6、12—挡环　4、11—齿轮　5—连接盘　8—销子

10—传动盘　15—升降液压缸　16—机械手臂轴　17、19—齿条　18、20—转位液压缸　21—机械手

也是用螺栓连接的，它们空套在机械手臂轴 16 上。当拔刀动作完成后，机械手臂轴 16 上的挡环 2 压下行程开关 1，发出换刀信号。这时转位液压缸 20 的右腔通压力油，活塞杆推动齿条 19 向左移动，带动齿轮和连接盘 5 转动，通过销子 8，由传动盘带动机械手转 180°，交换主轴上和刀库上的刀具位置。换刀动作完成后，齿条 19 上的挡环 6 压下行程开关 9，发出插刀信号，使升降油缸下腔通压力油，活塞杆带着机械手臂轴上升插刀，同时传动盘下面的销子 8 从连接盘 5 的销孔中移出。插刀动作完成后，机械手臂轴 16 上的挡环压下行程开关 3，使转位液压缸 20 的左腔通压力油，活塞杆带着齿条 19 向右复位，齿轮 4 空转，机械手无动作。齿条 19 复位后其上挡环压下行程开关 7，使转位液压缸 18 的左腔通压力油，活塞杆带着齿条 17 向右移动，通过齿轮 11 使机械手反转 75° 复位。机械手复位后，齿条 17 上的挡环压下行程开关 13，发出换刀完成信号，使刀套向上翻转 90°，为下次选刀做好准备。

3. 换刀过程的动作顺序

机械手将刀具从刀库中取出送至机床主轴上，然后将用过的旧刀送回刀库。其动作过程简述如下（见图 6—4—8）：

（1）刀套下转 90°

如图 6—4—8a 所示，刀库位于立柱左侧，刀具轴线在刀库中的安装方向与主轴垂直。换刀前，刀库将待换刀具送到换刀位置，然后刀套连同刀具翻转 90°，使刀具轴线与主轴轴线平行，如图 6—4—8b 所示。

（2）机械手转 75°

如图 6—4—8c 所示，换刀机械手逆时针旋转 75°，两手爪分别抓住刀库上和主轴上的刀柄。

（3）机械手拔刀

待主轴上自动夹紧机构松开刀具后，机械手下降，同时拔出主轴上和刀库上的刀具，如图 6—4—8d 所示。

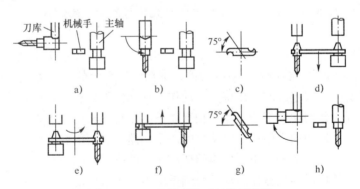

图 6—4—8 机械手换刀过程示意图

（4）刀具位置交换

如图 6—4—8e 所示，机械手逆时针转 180°，使主轴刀具与刀库刀具交换位置。

（5）机械手插刀

机械手上升，分别将刀具插入主轴锥孔和刀库刀套中，如图 6—4—8f 所示。

（6）机械手顺时针转 75°

如图 6—4—8g 所示，待主轴上自动夹紧机构夹紧刀具后，机械手顺时针转 75°，回到原始位置。

（7）刀套带着换回的旧刀具向上翻转 90°，准备下一次选刀，如图 6—4—8h 所示。

4. 数控刀库及换刀机械手的常见故障和维护

（1）严禁把超重、超长的数控刀具装入刀库，防止在机械手换刀时掉刀或刀具与工件、夹具等发生碰撞。

（2）顺序选刀方式必须注意刀具放置在刀库中的顺序要正确，其他选刀方式也要注意所换刀具是否与所需数控刀具一致，防止换错刀具导致事故发生。

（3）用手动方式往数控刀库上装刀时，要确保装到位，装牢靠，并检查刀座上的锁紧装置是否可靠。

（4）经常检查刀库的回零位置是否正确，检查机床主轴回换刀点位置是否到位，发现问题要及时调整，否则不能完成换刀动作。

（5）要注意保持数控刀具刀柄和刀套的清洁。

（6）开机时，应先使刀库和机械手空运行，检查各部分工作是否正常，特别是行程开关和电磁阀能否正常动作。检查机械手液压系统的压力是否正常，刀具在机械手上锁紧是否可靠，发现不正常时应及时处理。

任务五　其他辅助装置

【任务导入】

1. 掌握数控机床液压、气动、润滑等工作原理。
2. 掌握数控机床液压、气动、润滑零部件的结构特点。
3. 掌握数控机床液压、气动、润滑零部件的装配与维护方法。

【任务描述】

通过查阅资料，熟悉机床动力滑台液压系统作用，分析液压系统原理图，了解系统性能特点。以 YT4543 型动力滑台的液压系统为例，掌握液压系统的分析方法和分析内容。任何一个液压系统都必须从其主机的工作特点、动作循环和性能要求出发进行分析，才能正确了解系统的组成、元件作用和各部分之间的相互联系。系统分析的要点是：系统实现的动作循环、各液压元件在系统中的作用和组成系统的基本回路。分析内容主要有：系统的性能和特点、各工况下系统的油路情况、压力控制阀调整压力的确定依据及调压关系。

气动系统在数控机床的机械控制与系统调整中占有很重要的位置，数控机床的各种气动元件的工作状态直接影响着机床的工作状态，气动系统主要用在对工件、刀具定位面（如主轴锥孔）和交换工作台的自动吹屑、封闭式机床安全防护门的开关、加工中心上机械手的动作和主轴松刀等。因此，气动部件的故障诊断及维护、维修对数控机床的影响是至关重要的。

数控机床的润滑系统在机床整机中占非常重要的位置，不仅起着润滑作用，还起着冷却作用，以减小机床热变形对加工精度的影响。数控机床上常用的润滑方式有油脂润滑和油液润滑两种形式。主轴支承轴承、滚珠丝杠支承轴承及低速滚动直线导轨常采用油脂润滑；高速滚动直线导轨、贴塑导轨及变速齿轮等多采用油液润滑；滚珠丝杠螺母副有采用油脂润滑的，也有采用油液润滑的。

【任务实施】

故障现象一：数控机床在加工零件时加工精度和表面粗糙度较差，液压系统中出现"爬行"。

分析与处理："爬行"产生的主要原因有以下几点：油箱内吸油、排油管相距太近，排油飞溅，吸入空气；油箱内油面过低，油液黏度过大，吸油不畅；密封不良，液压系统中有空气进入；液压阀动作不灵活；蓄能器压力变化大；液压缸运动部件精度不高，润滑不良，局部阻力变化大。

排除方法：合理布置吸油、排油管路，设置隔板；保证油液在规定范围内；定期检查密封情况，及时更换密封件；更换不能继续使用的液压阀；重新测定蓄能器的性能；提高液压缸运动部件的精度；选用优质的润滑油，充分润滑，并形成润滑油膜，以减少阻力；正确安装、调整液压元件，保证具有相对运动元件的形位公差、几何精度和表面粗糙度，使活塞杆在整个行程中受到的摩擦阻力保持均匀。

故障现象二：TH5840 立式加工中心换刀时，主轴松刀动作缓慢。

分析与处理：主轴松刀动作缓慢的原因有：气动系统压力太低或流量不足；机床主轴拉刀系统有故障，如碟形弹簧破损等；主轴松刀气缸有故障。根据分析，首先检查气动系统的压力，压力表显示气压为 0.6 MPa，压力正常；将机床操作转为手动，手动控制主轴松刀，发现系统压力下降明显，气缸的活塞杆缓慢伸出，故判定气缸内部漏气。拆下气缸，打开端盖，压出活塞和活塞环，发现密封环破损，气缸内壁拉毛。更换新的气缸后，故障排除。

故障现象三：TH5640 立式加工中心，集中润滑站的润滑油损耗大，隔 1 天就要向润滑油站加油，切削液中明显混入大量润滑油。

分析及处理过程：TH5640 立式加工中心采用容积式润滑系统。这一故障产生以后，开始认为是润滑时间间隔太短，润滑电动机启动频繁，润滑过多，导致集中润滑站的润滑油消耗大。将润滑电动机启动时间间隔由 12 min 改为 30 min 后，集中润滑站的润滑油消耗有所改善，但是润滑油损耗仍很大。故又集中注意力查找润滑管路问题，润滑管路完好并无漏油，但发现 Y 轴丝杠螺母润滑油特别多，拧下 Y 轴丝杠螺母润滑计量件，检查发现计量件中的 Y 形密封圈破损。换上新的润滑计量件后，故障排除。

故障现象四：TH6363 卧式加工中心，Y 轴润滑不足。

分析及处理过程：TH6363 卧式加工中心采用单线阻尼式润滑系统。故障产生以后，开始认为是润滑时间间隔太长，导致 Y 轴润滑不足。将润滑电动机启动时间间隔由 15 min 改为 10 min，Y 轴润滑有所改善但是油量仍不理想。故又集中注意力查找润滑管路问题，润滑管路完好；拧下 Y 轴润滑计量件，检查发现计量件中的小孔堵塞。清洗后，故障排除。

故障现象五：TH68125 卧式加工中心，润滑系统压力不能建立。

分析及处理过程：TH68125 卧式加工中心组装后，进行润滑试验。该卧式加工中心采用容积式润滑系统。通电后润滑电动机旋转，但是润滑系统压力始终上不去。检查润滑泵工作正常，润滑站出油口有压力油；检查润滑管路完好；检查 X 轴滚珠丝杠轴承润滑，发现大量润滑油从轴承里面漏出；检查该计量件，型号 ASA-5Y，查计量件生产公司润滑手册，发现 ASA-5Y 为单线阻尼式润滑系统的计量件，而该机床采用的是容积式润滑系统，两种润滑系统的计量件不能混装。更换容积式润滑系统计量件（型号 ZSAM-20T）后，故障排除。

【任务链接】

一、液压系统

一般地，分析复杂的液压系统图有以下几个步骤：

第一步，了解设备的工艺对液压系统的动作要求。

第二步，了解系统的组成元件，并以各个执行元件为核心将系统分为若干子系统。

第三步，分析子系统含有哪些基本回路，根据执行元件动作循环读懂子系统。

第四步，分析子系统之间的联系，以及执行元件间实现互锁、同步、防干扰等要求的方法。

第五步，总结、归纳系统的特点，加深理解。

如图 6—5—1 所示为 YT4543 型动力滑台的液压系统，该系统采用限压式变量泵供油，电液动换向阀换向，快进由液压缸差动连接来实现。用行程阀实现快进与工进的转换，二位二通电磁换向阀用来进行两个工进速度之间的转换，为了保证进给的尺寸精度，采用了止挡块停留来限位。通常实现的工作循环为：快进→第一次工作进给→第二次工作进给→止挡块停留→快退→原位停止。

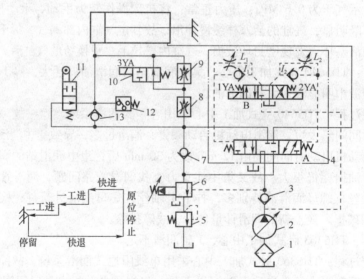

图 6—5—1　YT4543 型动力滑台的液压系统

1—过滤器　2—变量泵　3、7、13—单向阀　4—电液换向阀　5—背压阀　6—液控顺序阀
8、9—调速阀　10—电磁换向阀　11—行程阀　12—压力继电器

1. 快进

按下启动按钮，电磁铁 1YA 得电，电液换向阀 4 的先导阀阀芯向右移动，从而引起主阀芯向右移，使其左位接入系统。其进油路为：变量泵 2→单向阀 3→电液换向阀 4 主阀 A

（左位）→行程阀 11（下位）→液压缸左腔；其回油路为：液压缸的右腔→电液换向阀 4 主阀 A（左位）→单向阀 7→行程阀 11（下位）→液压缸左腔。这时形成液压缸差动连接快进。

2. 第一次工作进给

当滑台快速运动到预定位置时，滑台上的行程挡块压下了行程阀 11 的阀芯，切断了该通道，使压力油须经调速阀 8 进入液压缸的左腔。由于油液流经调速阀，系统压力上升，打开液控顺序阀 6，此时单向阀 7 的上部压力大于下部压力，所以单向阀 7 关闭，切断了液压缸的差动回路，回油经液控顺序阀 6 和背压阀 5 流回油箱，使滑台转换为第一次工作进给。其进油路为：变量泵 2→单向阀 3→电液换向阀 4 主阀 A（左位）→调速阀 8→电磁换向阀 10（右位）→液压缸左腔；其回油路为：液压缸右腔→电液换向阀 4 主阀 A（左位）→液控顺序阀 6→背压阀 5→油箱。因为工作进给时，系统压力升高，所以变量泵 2 的输油量便自动减小，以适应工作进给的需要，进给量大小由调速阀 8 调节。

3. 第二次工作进给

第一次工作进给结束后，行程挡块压下行程开关使 3YA 通电，二位二通换向阀将通路切断，进油必须经调速阀 8、9 才能进入液压缸，此时由于调速阀 9 的开口量小于调速阀 8，所以进给速度再次降低，其他油路情况为同第一次工作进给。

4. 止挡块停留

当滑台第二次工作进给完毕之后，碰上止挡块的滑台不再前进，停留在止挡块处，同时系统压力升高，当升高到压力继电器 12 的调整值时，压力继电器动作，经过时间继电器的延时，再发出信号使滑台返回，滑台的停留时间可由时间继电器在一定范围内调整。

5. 快退

时间继电器经延时发出信号，2YA 通电，1YA、3YA 断电，其进油路为：变量泵 2→单向阀 3→电液换向阀 4 主阀 A（右位）→液压缸右腔；其回油路为：液压缸左腔→单向阀 13→电液换向阀 4 主阀 A→液控顺序阀 6（右位）→油箱。

6. 原位停止

当滑台退回到原位时，行程挡块压下行程开关，发出信号，使 2YA 断电，液控顺序阀 6 处于中位，液压缸失去液压动力源，滑台停止运动。液压泵输出的油液经液控顺序阀 6 直接回油箱，泵卸荷。该系统的动作循环和各电磁铁及行程阀动作见表 6—5—1。

表 6—5—1　　　　　　　　　　　　　电磁铁和行程阀的动作顺序

工作循环	信号来源	电磁铁			行程阀
		1YA	2YA	3YA	
快进	启动按钮	+	−	−	−
第一次工作进给	挡块压下行程阀	+	−	−	+
第二次工作进给	挡块压下行程开关	+	−	+	+
止挡块停留	止挡块、压力继电器	+	−	+	+
快退	时间继电器	−	+	−	+
原位停止	挡块压下终点行程开关	−	−	−	−

一般数控机床液压系统往往用于转动和直线运动，即使产生小故障也会影响整个机床的正常工作。要正确判断故障原因，就必须非常了解液压元件的结构和工作原理，以及液压系统的工作原理，知道液压系统在数控机床设备中的作用，并且要勤于动手。

二、润滑系统

1. 机床润滑系统的特点

机床润滑系统在机床整机中占有十分重要的位置，其设计、调试和维修保养，对于提高机床加工精度、延长机床使用寿命等都有十分重要的作用。现代机床导轨、丝杠等滑动副的润滑，基本上都是采用集中润滑系统。

2. 润滑系统的组成

（1）润滑泵

润滑泵提供定量清洁的润滑油，可分为手动润滑泵、机动润滑泵、电动润滑泵和气动润滑泵。

（2）油量分配器

油量分配器将润滑油定量或按比例分配到各个润滑点，可分为计量件、定量注油件及递进式分配器。

（3）分配系统

分配系统由管道接头、柔性软管（或刚性硬管）、分配接头等各种附件装配组成，作用是按要求向润滑点输送润滑油。

（4）滤油器

滤油器的作用是过滤油杂质，保证向系统提供清洁的润滑油。

（5）电子程控器、压力开关和液位开关

电子程控器、压力开关和液位开关可以控制润滑泵按预定要求周期工作，具有对系统压力、油罐液位进行监控和报警，以及显示系统的工作状态等功能。

3. 机床润滑系统的分类

（1）递进式润滑系统

递进式润滑系统主要由泵站、递进式分流器组成，并可附加控制装置加以监控。其特点是能对任一润滑点的堵塞进行报警并终止运行，以保护设备；定量准确、压力高，不但可以使用稀油，而且还适用油脂润滑的情况。润滑点可达 100 个，压强可达 21 MPa。

递进式分流器由一块底板、一块端板及最少 3 块中间板组成。一组阀最多可有 8 块中间板，可润滑 18 个点。其工作原理是由中间板中的柱塞从一定位置起依次动作供油，若某一点产生堵塞，则下一个出油口就不会动作，因而整个分流器停止供油。堵塞指示器可以指示堵塞位置，便于维修。如图 6—5—2 所示为递进式润滑系统。

（2）单线阻尼式润滑系统

此系统适合于机床润滑点需油量相对较少，并需周期供油的场合，一般用于循环系统，也可以用于开放系统，可通过时间的控制，以控制润滑点的油量。该润滑系统非常灵活，多一个润滑点或少一个都可以，并可由用户安装，且当某一点发生阻塞时，不影响其他点的使用，故应用十分广泛。如图 6—5—3 所示为单线阻尼式润滑系统。

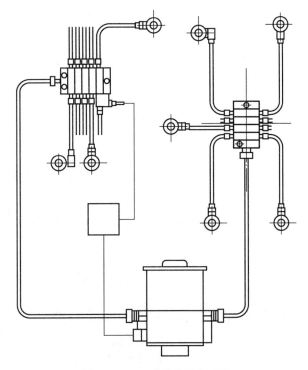

图6—5—2 递进式润滑系统

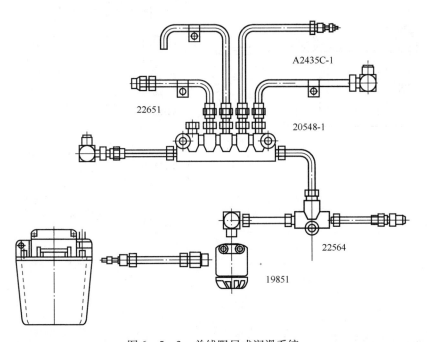

图6—5—3 单线阻尼式润滑系统

（3）容积式润滑系统

该系统以定量油液为分配器向润滑点供油，在系统中配有压力继电器，在系统油压达到预定值后发信，使电动机延时停止，润滑油从定量分配器供给，系统通过换向阀卸荷，并保持一个最低压力，使定量阀分配器补充润滑油，电动机再次启动，重复这一过程，直到规定润滑时间。该压力一般在 50 MPa 以下，润滑点可达几百个，其应用范围广、性能可靠，但不能作为连续润滑系统。

定量阀的结构原理是：由上下两个油腔组成，在系统的高压下将油打到润滑点，在低压时，靠自身弹簧复位和碗形密封将存于下腔的油压入位于上腔的排油腔，排量为 0.1 ~ 1.6 mL，并可按实际需要进行组合。如图 6—5—4 所示为容积式润滑系统。

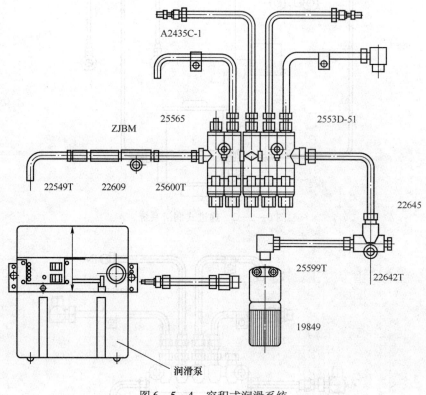

图 6—5—4　容积式润滑系统

模块七

机床电气和PLC控制的故障诊断与维修

【知识点】

1. 掌握稳压电源的工作原理。

2. 掌握数控机床的干扰与排除方法。

3. 掌握数控机床 PLC 控制的原理与故障分析。

【技能点】

1. 能看懂机床电源模块的电气原理图。

2. 熟悉数控机床 PLC 控制的常见故障点。

任务一　电源

【任务导入】

1. 明确数控机床对电源模块的要求。

2. 能正确分析电源模块的电气原理图。

3. 学会根据电气原理图诊断电气故障。

【任务描述】

一、电源配置

由于数控机床采用的控制系统不一，所以对电源的要求也不完全一致，维修人员应该首先了解所需要维修的数控机床电源配置的实际情况，而后再进行下一步的工作。如图 7—1—1 所示为某数控加工中心的电源配置原理图。

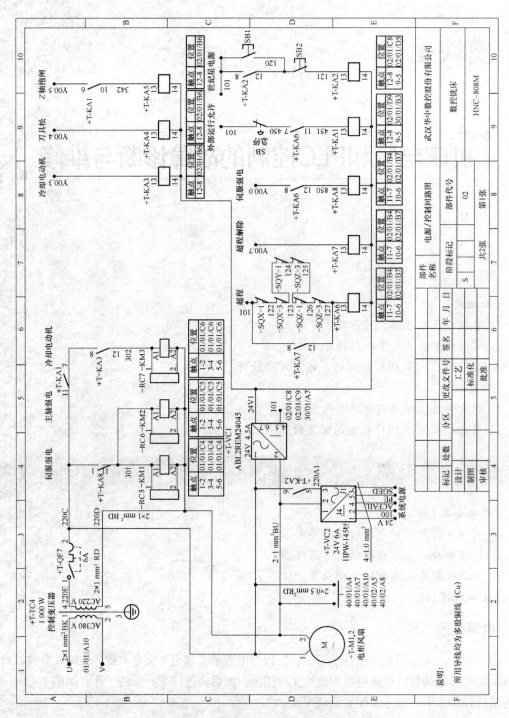

图 7—1—1 某数控加工中心电源配置原理图

二、电压波纹

简单地说，波纹电压是指输出直流电压中含有的工频交流成分。

直流电压是一个固定的数值，它往往是由交流电压进行整流、滤波后得来的，但是如果滤波不干净，就会有剩余的交流成分，即使是用电池供电也会因负载的波动而产生波纹。

事实上，即使是最好的基准电压元器件，其输出电压也是有波纹的。

三、通过电气原理图诊断电源

电气原理图主要用来描述电气线路的构成及工作原理，从原理图中可以分析出电气控制系统中各个元器件之间的相互关系，对电气控制系统的安装接线、运行维护、故障分析及维护等起到非常重要的作用。

数控机床维修人员首先应该读懂电气原理图，并且弄清楚原理图中各个元器件之间的相互关系及控制信号的来龙去脉，这样才可以在机床发生故障时，能够有清晰的思路，从而根据故障原因准确地找出故障点，进而消除相应的故障，使设备恢复正常。

【任务实施】

故障现象一：电网波动过大，PLC 不工作，表现为 PLC 无输出。

分析与处理：先检查输入信号（电源信号、干扰信号、指令信号与反馈信号）。例如，采用华中系统的数控车床，其内置式 PLC 无法工作。采用观察法，先用示波器检查电网电压波形，发现电网波动过大，欠压噪声跳变持续时间大于 1 s（外因）。由于该机床处于调试阶段，电源系统内组件故障应当排除在外，由内部抗电网干扰措施（滤波、隔离与稳压）可知，常规的电源系统已无法隔断或滤去持续时间过长的电网欠压噪声，这是抗电网措施不足所致（内因），导致 PLC 不能获得正常电源输入而无法工作。在系统电源输入端加入一个交流稳压器，PLC 工作正常。

故障现象二：某双工位数控车床，每个工位都由单独的 NC 系统控制，右工位的 NC 系统经常在零件自动加工中断电停机，重新启动系统后，NC 系统仍可自动工作。检查 24 V 供电电源负载，并无短路问题。对图样进行分析，两台 NC 系统，共用一个 24 V 整流电源。

分析与处理：

1. 供电质量不高，电源波动，而出故障的 NC 系统对电源的要求较灵敏。

2. NC 系统本身的问题，系统不稳定。根据这个判断，首先对 24 V 电源电压进行监视，发现其电压幅值较低，只有 21 V 左右。经观察发现，在出故障的瞬间，这个电压向下浮动，而 NC 系统断电后，电压马上回升到 22 V 左右。故障一般都发生在主轴启动时，其原因可能是 24 V 整流变压器有问题，容量不够，或匝间短路，使整流电压偏低，电网电压波动，影响 NC 系统的正常工作。为确定这个故障的原因，用交流稳压电源将交流 380 V 供电电压提高到 400 V，这个故障就没有再出现。为此更换 24 V 整流变压器，问题彻底解决。

故障现象三：某公司产 VF2 型立式铣加工中心。机床运行一年零七个月以后，加工中出现 161 号报警（X 轴驱动报警），机床停止运行。使用 "RESET" 键报警可以清除，机床可恢复运行。此故障现象偶尔发生，机床带病运行两年后，故障发生频次增加，而且出现故障转移现象：即使用复位键清除 161 号报警时，报警信息转报 162 号（Y 轴驱动报警），如果再次清除，则再次转报 Z 轴，以此类推。机床已无法维持运行。

分析与处理：根据故障报警信息在几个伺服轴之间转移的现象，不难看出故障发生在与各伺服轴都相关的公共环节，也就是说，是数控单元的"位置控制板"或伺服单元的电源组件出现了故障。位控板是数控单元组件之一，根据经验分析，数控单元电气板出现故障的概率很低，所以分析检查伺服电源组件是比较可行的排除故障切入点。检查发现此机床伺服电源分成两部分，其中输出低压直流 ±12 V 两路的是开关电源。测量结果分别是 +11.73 V 和 −11.98 V。分析此结果，正电压输出低了 0.27 V，电压降低幅度 2.3%。由于缺乏量化概念，在暂时找不到其他故障源的情况下，假定此开关电源有故障。故障排除：为验证输出电压偏差是造成机床故障的根源，用一台 WYJ 型双路晶体管直流稳压器替代原电源，将两路输出电压调节对称，幅值调到 12 V，开机后，机床报警消失。在接下来 20 个工作日的考验运行中，故障不再复现。完全证实了故障是由于此伺服电源组件损坏引起的。理论分析：运算放大器和比较器，有些用单电源供电，有些用双电源供电，用双电源供电的运算放大器要求正负供电对称，其差值一般不能大于 0.2 V（具有调节功能的运算放大器除外），否则将无法正常工作。而此故障电源，两路输出电压相差了 0.25 V，超出了误差允许范围，这是故障发生的根本原因。

故障现象四：机床运行时，X 轴在运动中振动，快速运行时尤为明显，加速、减速停止时更严重。

分析处理：检查电动机及反馈装置的连线；更换伺服驱动装置（仍故障）；测电动机电流、电压（正常）；测量测速机反馈电流、电压，发现电压波纹过大而且非正常，波纹测速机中转子换向片间被炭粉严重短路，造成反馈异常，清洗炭粉，故障排除。

【任务链接】

一、电源

电源是维持系统正常工作的能源支持部分，它失效或故障将直接导致系统停机，甚至毁坏整个系统。电网的较大波动和高次谐波以及人为因素和外界环境因素的影响，难免会导致电源出现故障。

另外，数控系统一般将部分运行数据、设定数据和加工程序等存储在 RAM 存储器内，系统断电后，靠电源的后备蓄电池或锂电池来保持。因而，当停机时间比较长的情况下，拔插电源或存储器都可能造成数据丢失，使系统不能运行。同时，由于数控设备使用的是三相交流 380V 电源，所以安全性也是数控设备安装前期工作中重要的一环，基于以上的原因，对数控设备使用的电源有以下的要求：

1. 提供独立的配电柜，而不与其他的设备共用。
2. 提供稳压装置。
3. 电源具有较好的抗干扰能力，电源始终有良好的接地。
4. 电器柜内部的元器件和交直流电线的布局要相互隔离。

二、电压波纹

1. 波纹系数

波纹系数：直流电中交流分量与直流电压的比值。

作用：多用来衡量滤波的品质。

2. 电压波纹较大的危害

（1）容易在用电设备中产生不期望的谐波，而谐波会产生较多的危害。

（2）波纹较大时大大降低了电源的效率。

（3）较大的波纹会造成浪涌电压或电流的产生，致使用电设备烧毁。

（4）会干扰数字电路的逻辑关系，影响其正常工作。

（5）会带来噪声干扰。

3. 电压波纹的抑制方法

抵制电压波纹的方法，常见的有以下几种：

（1）在成本、体积允许的情况下，尽可能采用全波整流电路。

（2）加大滤波电路中电容容量，条件许可时使用效果更好的 LC 滤波电路。

（3）使用效果好的稳压电路，对波纹抑制要求很高的地方使用模拟稳压电源而不使用开关电源。

（4）合理布线。

三、电源配置原理

下面来分析如图 7—1—1 所示的某加工中心电源配置原理图，只有分析透彻原理图，才可以进行下一步的电源诊断工作。

断路器 QF 的功能与作用：对设备起到过载及短路保护的作用。当某一负载发生过载或短路故障时，所在支路的断路器自动断开，起到安全保护作用。同时，其他支路不受影响，方便快速维修。

三相电源首先经过隔离开关 QS1，进入数控机床的电气控制柜。而后隔离开关串接在总电路及各个控制支路中，隔离开关的规格参数要根据电路的电压等级和负载的容量大小进行合理的选择，否则电路将不能正常工作。比如：断路器的脱扣电流若选得比较小时，在设备正常工作的情况下，开关将会不断跳闸；若脱扣电流选得过大时，那么在电路故障时，开关不会动作，将不能起到安全保护的作用。

变压器 TC4，将 380V 的交流电压转变成交流 220 V 电压来控制后续电路。其中交流 220 V 电压用于控制接触器、电磁阀、开关电源等电气元件。

另外，24 V 直流电压也可用作电动机抱闸的电源，因为数控机床的进给轴没有自锁功能，为了防止垂直轴在重力的作用下滑落，则需要配置平衡的配重和抱闸功能，如图 7—1—2 所示。

当数控系统的伺服系统准备就绪后，PLC 使继电器线圈得电，常开触点闭合，直流 24 V 电压通入，启动抱闸功能。

如图 7—1—3 所示为 PSM 主回路的上电控制。当 MCC 触点接通时，KM0 线圈得电，其

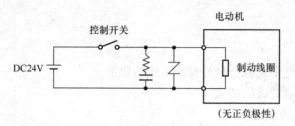

图 7—1—2　电动机抱闸控制

主触点闭合，则伺服驱动器的电源模块 PSM 的主电路电源接通。

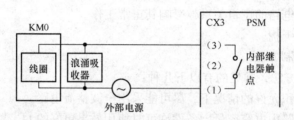

图 7—1—3　PSM 主回路的上电控制

　　24 V 开关电源给系统供电，直流电源的质量将直接影响系统的稳定运行。DC 24 V 电压经过继电器的常开触点进入数控系统，经过启动按钮 SB1 与停止按钮 SB2 来控制系统的通电与断电，从而避免开关电源通、断瞬间的电压抖动。

　　一般情况下，检查电源故障必须在机床断电的情况下进行。如果必须在机床通电的情况下进行检查，为了自身的安全，一定要注意人体与大地、机床之间的绝缘，而后利用试电笔、万用表、示波器等对输入输出端子、强电开关器件、强电接线等可疑点进行检查，防止在测试过程中出现短路或电弧等状况。

任务二　数控机床的干扰与排除

【任务导入】

1. 明确数控机床干扰的原因。

2. 根据易出现干扰的原因找出解决的办法。

3. 了解屏蔽技术。

【任务描述】

　　数控机床的干扰一般是指与信号无关的，在信号输入、传输和输出的过程中出现的一些不确定的、有害的电气瞬变现象。这些瞬变现象会使数控系统中的数据在传输过程中发生变化，增大误差，是局部装置或整个系统出现异常情况，引起故障。尤其是在大多数制造行业中，生产车间的环境不是很理想，干扰源的产生也变得相当普遍。

　　干扰的危害一般容易被忽视，但是它会影响数控机床的可靠性及稳定性，造成数控系统"软"故障。

【任务实施】

故障现象一：一种专用于铣削螺杆的数控异形螺杆铣床，使用的是华中数控系统，划线时，螺距大小是正确的；同样的程序，一旦开始铣削，就发现螺距与划线时的螺距相比，小了许多，而且误差是累计的，移动得越长，误差越大。多次重复试铣，误差仍然存在。

分析与处理：C 轴旋转一圈，Z 轴移动多长的距离，此距离就是螺距。也就是说，如果螺距不对，就是 C 轴、Z 轴两只伺服电动机转过的角度对应关系不对。螺距变得比编程的小，只有两个可能：C 轴比编程的值多走或 Z 轴比编程的值少走。编程单走 C 轴，走的角度与编程的角度是一一对应的；再编程单走 Z 轴，移动的距离与编程的距离也是对应的。问题到底出在什么地方？为什么划线没有问题，单独走也没有问题，但联动就有问题呢？首先，为找到联动时到底是哪一个轴走得不对，编写了一个两轴联动的程序，模拟正常铣削的环境，事先在两个轴上做好标记，试下来后发现，Z 轴走的数据是对的，而 C 轴的数值多走了。C 轴怎么会多走呢？机械传动比是固定的，参数经多年下来，也不会有错。后来仔细观察 C 轴电动机，发现只要铣刀旋转，C 轴电动机就开始微微转动。而这时系统没有任何要求 C 轴转动的指令。仔细分析：

1. 系统对电动机的控制方式是位置控制，位置控制与速度控制相比，抗干扰能力相对较弱。

2. 铣头电动机是变频电动机，其动力线干扰较大。从这时开始，思路转向故障是由干扰引起的，开始从干扰这方面来考虑问题。经仔细检查，发现 C 轴电动机的反馈线与铣头电动机的动力线紧靠在一起，把这两根电缆线分开，再试铣，误差就消失了。

故障现象二：机床在厂内铣削时一切正常，到客户处安装调试时也没有任何问题。客户正常使用一段时间后，反映该机床 Z 轴驱动器经常发生 AC9 报警，重新上电后机床又可以正常使用。

分析与处理：Z 轴驱动器的 AC9 报警是编码器通信故障。仔细检查连线，没找到原因。后来，问题频繁起来，一天发生好几次。开始时怀疑是伺服电动机的编码器或驱动器有问题，更换电动机和驱动器后，问题依然存在。后来经过几天的仔细观察，发现报警多发生在铣刀启动或停止的瞬间。联想到以前安装时遇到的干扰故障，怀疑是由于变频电动机对伺服电动机编码器反馈线的干扰造成的。经过多次调换电动机与驱动器的对应关系，发现伺服电动机编码器的反馈线在哪个驱动器上，报警就发生在该驱动器上。至此，确定故障原因就是干扰，而且是变频电动机动力线对伺服电动机编码器反馈线的干扰。用一根四芯电缆连接变频电动机到变频器，这根电缆远离了伺服电动机编码器的反馈线。更换这根电缆线后，该报警再没有发生过。

故障现象三：一台使用华中系统的车床，在厂内调试时，发现主轴的转速跳变很大，无法车螺纹。

分析与处理：仔细检查也没发现有什么不对的地方，但肉眼都可看出主轴的速度变化很大。由于该机床选配的是模拟主轴，其转速大小取决于模拟电压的高低，所以考虑是否主机出了问题。更换了主机后问题依然存在，排除了系统的原因。后来，偶然发现变频器上的地线没接地，把地线接好，问题就解决了。

[任务链接]

一、减少供电线路干扰

在有些场合，会出现电压的冲击、欠压、频率不稳定、相位漂移、波形失真、共模噪声等现象，影响系统的正常工作，所以应尽可能减少线路上的此类干扰。减少供电线路干扰的具体措施一般有以下几点：

1. 在电网电压波动较大的地区，应在输入电源端加上电子稳压器。
2. 供电线路的容量必须满足机床对电源容量的要求。
3. 应避免将一些大功率的用电设备共用同一干线，比如数控机床与电火花设备，功率都比较大，而且还需要频繁的启停。
4. 在安装数控机床时应尽可能远离一些变频设备，比如中频炉、高频感应炉等。

二、减少机床电气控制系统干扰

数控机床电气柜内部的一些电气元器件，比如继电器、接触器等，都是干扰源。交流接触器的频繁通断，交流电动机的频繁启停，主回路与控制回路的布线不合理等，都可能致使CNC控制电路产生浪涌电压、尖峰电压等干扰，从而影响系统的正常工作，所以必须采取相应的措施来减少这种干扰带来的影响。

1. 在交流接触器线圈的两端、交流电动机的三相输出端上并联RC阻容电路，如图7—2—1a和b所示。
2. 在直流接触器或直流电磁阀的线圈两端，并联一个续流二极管，如图7—2—1c所示。

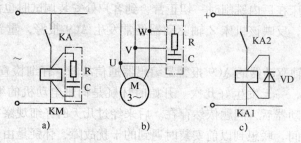

图7—2—1　较少干扰的措施

a）交流线圈并联阻容吸收器　b）三相电动机并联阻容吸收器　c）直流线圈反并联续流二极管RC

3. 在CNC的输入电源线之间加入浪涌吸收器与滤波器。
4. 绝对不能将信号电缆直接经过产生强磁场的装置，比如电动机、变压器等。
5. 三相交流电源的电缆，最好能与电气柜中的信号电缆分别布置，信号电缆与动力电缆只允许交叉布置，绝对不允许平行布置，决不能放置在同一个走线槽中。

三、屏蔽技术

数控机床中常用的抗干扰措施主要包括屏蔽、隔离、滤波、接地和软件处理等。而屏蔽是目前采用最多、最有效的一种方式。屏蔽技术切断辐射电磁噪声的传输途径，通常用金属材料或电磁性材料把所需屏蔽的区域包围起来。使屏蔽体内外的场相互隔离，切断电磁辐射信号，以保护被屏蔽体免受干扰。屏蔽分为电场屏蔽、磁场屏蔽和电磁屏蔽。

在实际工程应用时，对于电场干扰，系统中的强电设备金属外壳（伺服驱动器、变频器、开关电源、电动机等）可靠接地实现主动屏蔽；敏感设备（如数控装置等）外壳应可靠接地，实现被动屏蔽；强电设备与敏感设备之间距离应尽可能远；高电压大电流动力线与信号线应分开走线，选用带屏蔽层的电缆。

对于磁场干扰，选用高磁导率的材料，如坡莫合金等，并适当增加屏蔽体的壁厚；用双绞线和屏蔽线，让信号线与接地线或载流回路扭绞在一起，以便使信号线与接地线或载流回路之间的距离最近；增大线间的距离，使得干扰源与受感应的线路之间的互感尽可能地小；敏感设备应远离干扰源（强电设备、变压器等）。

任务三　数控机床 PLC 控制

【任务导入】

1. 明确 PLC 在数控机床控制系统中的作用。

2. 理解 PLC 的故障表现形式及故障特点。

3. 掌握故障检测的思路与方法。

【任务描述】

PLC 称为可编程控制器，独立的 PLC 可以作为很多自动化设备的通用控制器，由于其控制功能强、性价比高、抗干扰能力强，一般采用模块化组合结构，编程语言简单，程序可进行在线修改，维护方便，在工业现场得到广泛应用。PLC 分为内装式和外置式，数控系统中的 PLC 多为内装式，CNC 与 PLC 之间通过内部总线交换信息，增强了系统的可靠性和数据交换的速度。在数控系统中，CNC 与 PLC 分工合作完成对数控机床的控制，PLC 主要实现 M、S、T 指令的处理以及数控机床外围辅助电器的控制，因此，也称为可编程机床控制器，简称为 PMC。

PLC 在数控机床控制系统中的作用主要体现在以下几个方面：

1. 机床操作面板的控制

机床操作面板的控制信号送入 PLC（见图 7—3—1），再由 PLC 处理，输出给数控系统（见图 7—3—2）。

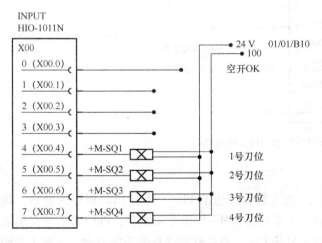

图 7—3—1　PLC 输入信号

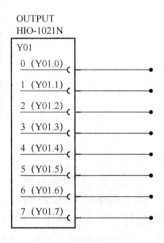

图 7—3—2　PLC 输出信号

2. 机床外部开关输入信号

机床的开关量信号送入 PLC，由 PLC 进行逻辑运算之后，输出给控制对象。开关量信号包括行程开关、接近开关、液压开关、压力传感器、温控开关等，如图 7—3—3 所示。这些输入元件的故障率较高，故障形式有不能闭合、断开或接触不良等。

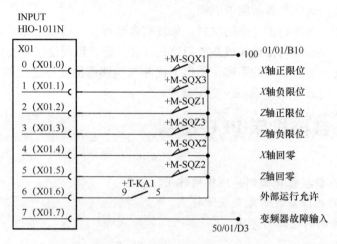

图 7—3—3　机床侧的开关量信号

3. 输出信号控制

PLC 输出信号通过对电气柜中的继电器、接触器的控制，完成机床的液压、气动电磁阀、刀库、机械手和回转工作台等装置的动作，如图 7—3—4 所示。另外，PLC 输出信号还可通过继电器、接触器对冷却泵电动机、润滑泵电动机及电磁制动器进行控制。

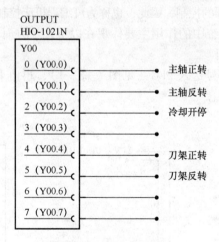

图 7—3—4　PLC 输出信号

4. M、S、T 功能实现

加工程序经 CNC 译码后，将 M、S 指令信号传递给 PLC，经过 PLC 程序的处理，输出控制信号，控制主轴正、反转和启动停止等功能。M、S 指令完成后，PLC 向系统发出完成信号。需要换刀时，系统送出 T 指令信号给 PLC，PLC 程序在数据表内检索，找到 T 代码指定的刀号，并与主轴刀号进行比较。如果不符，发出换刀指令，机床开始换刀，换刀过程中，CNC 处于读入禁止状态，不会执行加工程序中后续的指令，只有换刀完成后，PLC 向 CNC 发出完成信号，CNC 才能继续执行后续的加工程序。

【任务实施】

故障现象一：配备华中数控系统的某加工中心，产生 7035 号报警，查阅报警信息为工作台分度盘不回落。

分析与处理：针对故障的信息，调出 PLC 输入/输出状态与拷贝清单对照。工作台分度盘的回落是由工作台下面的接近开关 SQ25、SQ28 来检测的，其中 SQ28 检测工作台分度盘旋转到位，对应 PLC 输入接口 X10.6，SQ25 检测工作台分度盘回落到位，对应 PLC 输入接口 X10.0。工作台分度盘的回落是由输出接口 Y4.7 通过继电器 KA32 驱动电磁阀 YV06 动作来完成。从 PLC STATUS 中观察，X10.6 为 "1"，表明工作台分度盘旋转到位，X10.0 为 "0"，表明工作台分度盘未回落，再观察 Y4.7 为 "0"，KA32 继电器不得电，YV06 电磁阀不动作，因而工作台分度盘不回落产生报警。

处理方法：手动 YV06 电磁阀，工作台分度盘回落，PLC 输入状态信息 X10.0 为 "1"，报警解除。拆换新的换向阀后，故障排除。

故障现象二：某立式加工中心自动换刀时，换刀臂平移到位时，无拔刀动作。

分析与处理：ATC 动作的起始状态是：主轴保持要交换的旧刀具→换刀臂在 B 位置→换刀臂在上部位置→刀库已将要交换的新刀具定位。

自动换刀的顺序为：换刀臂左移（B→A）→换刀臂下降（从刀库拔刀）→换刀臂右移（A→B）→换刀臂上升→换刀臂右移（B→C，抓住主轴中刀具）→主轴液压缸下降（松刀）→换刀臂下降（从主轴拔刀）→换刀臂旋转 180°（两刀具交换位置）→换刀臂上升（装刀）→主轴液压缸上升（抓刀）→换刀臂左移（C→B）→刀库转动（找出旧刀具位置）→换刀臂左移（B→A，返回旧刀具给刀库）→换刀臂右移（A→B）→刀库转动（找下把刀具）。换刀臂平移至 C 位置时，无拔刀动作，分析原因，有几种可能：

1. SQ2 无信号，使松刀电磁阀 YV2 未激磁，主轴仍处抓刀状态，换刀臂不能下移。

2. 松刀接近开关 SQ4 无信号，则换刀臂升降电磁阀 YV1 状态不变，换刀臂不下降。

3. 电磁阀有故障，给予信号也不能动作。

逐步检查，发现 SQ4 未发信号，进一步对 SQ4 检查，发现感应间隙过大，导致接近开关无信号输出，产生动作障碍。

故障现象三：配备华中数控系统的某数控车床，当脚踏尾座开关使套筒顶尖顶紧工件时，系统产生报警。

分析与处理：在系统诊断状态下，调出 PLC 输入信号，发现脚踏向前开关输入 X04.2 为 "1"，尾座套筒转换开关输入 X17.3 为 "1"，润滑油供给正常使液位开关输入 X17.6 为 "1"。调出 PLC 输出信号，当脚踏向前开关时，输出 Y49.0 为 "1"，同时，电磁阀 YV4.1 也得电，这说明系统 PLC 输入/输出状态均正常，分析尾座套筒液压系统。当电磁阀 YV4.1 通电后，液压油经溢流阀、流量控制阀和单向阀进入尾座套筒液压缸，使其向前顶紧工件。松开脚踏开关后，电磁换向阀处于中间位置，油路停止供油，由于单向阀的作用，尾座套筒向前时的油压得到保持，该油压使压力继电器常开触点接通，在系统 PLC 输入信号中 X00.2

为"1"。但检查系统 PLC 输入信号 X00.2 则为"0"，说明压力继电器有问题，其触点开关损坏。因此得出结论，因压力继电器 SP4.1 触点开关损坏，油压信号无法接通，从而造成 PLC 输入信号为"0"，故系统认为尾座套筒未顶紧而产生报警。

解决方法：更换新的压力继电器，调整触点压力，使其在向前脚踏开关动作后接通并保持到压力取消，故障排除。

故障现象四：某数控机床出现防护门关不上、自动加工不能进行的故障，而且无故障显示。

分析与处理：该防护门是由气缸来完成开关的，关闭防护门是由 PLC 输出 Y2.0 控制电磁阀 YV2.0 来实现。检查 Y2.0 的状态，其状态为"1"，但电磁阀 YV2.0 却没有得电，由于 PLC 输出 Y2.0 是通过中间继电器 KA2.0 来控制电磁阀 YV2.0 的，检查发现，中间继电器损坏引起故障，更换继电器，故障被排除。

故障现象五：配备华中数控系统的加工中心，出现分度工作台不分度的故障且无故障报警。

分析与处理：根据工作原理，分度时首先将分度的齿条与齿轮啮合，这个动作是靠液压装置来完成的，由 PLC 输出 Y1.4 控制电磁阀 YV14 来执行。通过数控系统的"PLC"软键，实时查看 Y1.4 的状态，发现其状态为"0"，由 PLC 梯形图查看 F123.0 也为"0"，按梯形图逐个检查，发现 F105.2 为"0"导致 F123.0 也为"0"，根据梯形图，查看 PLC 中的输入信号，发现 X10.2 为"0"，从而导致 F105.2 为"0"。X9.3、X9.4、X10.2 和 X10.3 为四个接近开关的检测信号，以检测齿条和齿轮是否啮合。分度时，这四个接近开关都应有信号，即 X9.3、X9.4、X10.2 和 X10.3 应闭合，现 X10.2 未闭合。

处理方法：检查机械传动部分；检查接近开关是否损坏。

故障现象六：配备华中数控系统的双工位、双主轴数控机床，在 AUTO 方式下运行，工件在一工位加工完，一工位主轴还没有退到位且旋转工作台正要旋转时，二工位主轴停转，自动循环中断，并出现报警，且报警内容表示二工位主轴速度不正常。

分析与处理：两个主轴分别由 B1、B2 两个传感器来检测转速，检查主轴传动系统，没发现问题。用机外编程器观察梯形图的状态。F112.0 为二工位主轴启动标志位，F111.7 为二工位主轴启动条件，Y32.0 为二工位主轴启动输出，X21.1 为二工位主轴刀具卡紧检测输入，F115.1 为二工位刀具卡紧标志位。在编程器上观察梯形图的状态，出现故障时，F112.0 和 Y32.0 状态都为"0"，因此主轴停转，而 F112.0 为"0"是由于 B1、B2 检测主轴速度不正常所致。动态观察 Y32.0 的变化，发现故障没有出现时，F112.0 和 F111.7 都闭合，而当出现故障时，F111.7 瞬间断开，之后又马上闭合，Y32.0 随 F111.7 瞬间断开，其状态变为"0"，在 F111.7 闭合的同时，F112.0 的状态也变成了"0"，这样 Y32.0 的状态保持为"0"，主轴停转。B1、B2 由于 Y32.0 随 F111.7 瞬间断开，测得速度不正常，而使 F112.0 状态变为"0"。主轴启动的条件 F111.7 受多方面因素的制约，从梯形图上观察，发现 F111.6 的瞬间变"0"引起 F111.7 的变化。向下检查梯形图 PB8.3，发现刀具卡紧标志 F115.1 瞬间变"0"，促使 F111.6 发生变化。继续跟踪梯形图 PB13.7，观察发现，在出故障时，X21.1 瞬间断开，使 F115.1 瞬间变"0"，最后使主轴停转。X21.1 是刀具液压卡紧压力检测开关量信号，它的断开指示刀具卡紧力不够。由此诊断故障的根本原因是刀具液压卡紧力波动，调整液压使之正常，故障排除。

【任务链接】

一、PLC 的故障表现形式

当数控机床出现 PLC 方面的故障时，一般有三种表现形式：

1. CNC 故障报警。

2. 有 CNC 故障显示，但不反映故障的真正原因。

3. 没有任何提示。

对于后两种情况，根据 PLC 的梯形图和输入、输出状态信息来分析和判断故障的原因，是解决数控机床外围故障的基本方法。

二、PLC 有关故障的特点

1. 与 PLC 有关的故障首先确认 PLC 的运行状态，判断是自动运行方式还是停止方式。

2. 在 PLC 正常运行情况下，分析与 PLC 相关的故障时，应先定位不正常的输出结果，定位了不正常的结果即故障查找的开始。

3. 大多数有关 PLC 的故障是外围接口信号故障，所以在维修时，只要 PLC 有些部分控制的动作正常，都不应该怀疑 PLC 程序。如果通过诊断确认运算程序有输出，而 PLC 的物理接口没有输出，则为硬件接口电路故障。

4. 硬件故障多于软件故障，例如当程序执行 M07（冷却液开），而机床无此动作，大多数是由外部信号不满足，或执行元件故障，而不是 CNC 与 PLC 接口信号故障。

三、PLC 故障检测的思路和方法

PLC 是 CNC 与数控机床之间信号传递与处理的中间环节。机床侧的开关、按键等输入信号首先送给 PLC 处理；CNC 对机床侧的控制信号也要经过 PLC 传递给机床侧的继电器、接触器、电磁阀等电气元件；PLC 还要把指令执行的结果及机床的状态反馈给 CNC。如果这些信号中的任何一个没有到位，机床都会出现故障，而机床侧的输入、输出元件是数控机床上故障率较高的部分，在数控机床的故障中，和 PLC 相关的故障占有较高的比率。所以，掌握通过 PLC 进行机床故障诊断的方法非常重要。

1. 根据报警信号诊断故障

数控系统的故障报警信息，为用户提供排除故障的信息。

2. 根据动作顺序诊断故障

数控机床上刀具及托盘等装置的自动交换动作，都是按一定的顺序来完成的。因此，观察机械装置的运动过程，比较故障和正常时的情况，就可以发现疑点，从而诊断出故障原因。

3. 根据控制对象的工作原理诊断故障

数控机床的 PLC 程序是按照控制对象的工作原理设计的，通过对控制对象工作原理的分析，结合 PLC 的 I/O 状态是诊断故障很有效的方法。

4. 根据 PLC 的 I/O 状态诊断故障

在数控机床中，输入/输出信号的传递，一般要通过 PLC 的 I/O 接口来实现，因此一些故障会在 PLC 的 I/O 接口通道上反映出来。数控机床的这个特点为故障诊断提供了方便。如果不是数控系统硬件故障，可以不必查看梯形图和有关电路图，通过查询 PLC 的 I/O 通常状态和故障状态来进行诊断。

5. 通过 PLC 梯形图诊断故障

根据 PLC 的梯形图来分析和诊断故障是解决数控机床外围故障的基本方法。如果采用这种方法诊断机床故障，首先应该掌握机床的工作原理、动作顺序和联锁关系，然后利用 CNC 系统的自诊断功能或通过机外编程器，根据 PLC 梯形图查看相关的输入、输出及标识的状态，以确定故障原因。

6. 动态跟踪梯形图诊断故障

有些 PLC 发生故障时，查看输入/输出及标志状态均为正常，此时必须通过 PLC 动态跟踪，实时跟踪输入/输出及标志状态的瞬间变化。根据 PLC 动作原理作出相应的诊断。

参 考 文 献

[1] 刘江. 数控机床故障诊断及维修 [M]. 北京：高等教育出版社，2007.

[2] 王侃夫. 数控机床故障诊断及维护 [M]. 北京：机械工业出版社，2000.

[3] 余仲裕. 数控机床维修 [M]. 北京：机械工业出版社，2001.

[4] 郑小年. 华中数控系统故障诊断与维修手册 [M]. 北京：机械工业出版社，2010.

[5] 邓三鹏. 数控机床故障诊断与维修 [M]. 北京：机械工业出版社，2009.

[6] 周学君. 计算机基础教程 [M]. 武汉：华中科技大学出版社，2006.

[7] 毛行标. 基于单片机技术的维修电工智能考核系统设计与实现 [J]. 现代机械，2010.

[8] 李晓宁. 现代电气控制综合实验系统设计 [J]. 实验技术与管理，2007.

[9] 陈友伟. 基于 PLC 技术的机床电气改造 [J]. 中国科技信息，2009.

[10] 吴祖育，秦鹏飞. 数控机床 [M]. 上海：上海科学技术出版社，1994.

[11] 韩鸿鸾，荣维芝. 数控机床的结构与维修 [M]. 北京：机械工业出版社，2004.

[12] 龚仲华. 数控技术 [M]. 北京：机械工业出版社，2003.

[13] 宋天麟. 数控机床及其使用与维修 [M]. 南京：东南大学出版社，2003.

[14] 严爱珍. 机床数控原理与系统 [M]. 北京：机械工业出版社，1999.

[15] 董献坤. 数控机床结构与编程 [M]. 北京：机械工业出版社，2001.

[16] 王勇章. 机床的数字控制技术 [M]. 哈尔滨：哈尔滨工业大学出版社，1995.

[17] 何德原. 机床故障与维修 [M]. 北京：机械工业出版社，1996.